厚生労働省認定教材	
認定番号	第58369号
改定承認年月日	令和3年2月18日
訓練の種類	普通職業訓練
訓練課程名	普通課程

安全衛生

独立行政法人 高齢・障害・求職者雇用支援機構
職業能力開発総合大学校 基盤整備センター 編

は　し　が　き

　本書は職業能力開発促進法に定める普通職業訓練に関する基準に準拠し，各訓練系における系基礎学科「安全衛生」等の教科書として編集したものです。

　作成にあたっては，内容の記述をできるだけ平易にし，専門知識を系統的に学習できるように構成してあります。このため，本書は職業能力開発施設での教材としての活用や，さらに広く知識・技能の習得を志す人々にも活用いただければ幸いです。

　なお，本書は次の方々のご協力により改定したもので，その労に対し深く謝意を表します。

〈監　修　委　員〉
定　成　政　憲　　職業能力開発総合大学校
中　村　瑞　穂　　職業能力開発総合大学校
吉　水　健　剛　　職業能力開発総合大学校

〈執　筆　委　員〉
西　條　芳　光　　徳島県立中央テクノスクール
千　葉　正　伸　　千葉労働安全コンサルタント事務所
村　上　　　洋　　神奈川県立西部総合職業技術校
森　谷　淳　一　　北海道立札幌高等技術専門学院

（委員名は五十音順，所属は執筆当時のものです）

令和３年２月

独立行政法人 高齢・障害・求職者雇用支援機構
職業能力開発総合大学校 基盤整備センター

は　し　が　き

目　　次

第4章　安全衛生管理の進め方

第5章　機械設備等・環境の安全化

❯ 第6章　安全衛生活動

❯ 第7章　作業計画と安全衛生の取り組み

❯ 第8章　安全衛生教育と就業制限

第9章　安全基準

第10章　手工具の取り扱いに関する安全管理

➤ 第 11 章　危険物の管理

➤ 第 12 章　保　護　具

▶▶ 第13章　安全心理と人間工学

▶▶ 第14章　職場と健康

第15章　国際安全規格の概要

第16章　労働安全衛生マネジメントシステム（ISO 45001）

第 **1** 章

安全衛生の基本

　私たちがそれぞれの職場で日々の仕事に励むのは，まず自分たちの生活を維持し，それをよりよいものにしていき，さらに，自分たちの仕事が何らかの形で社会を発展させるために役立つことを望むからである。そして，私たちの働く目的や希望は，その日その日を事故なく無事に過ごすことができて初めて実現される。

　しかし，私たちが一日の活動時間の大部分を過ごしている職場には，多くの機械設備や運搬装置があり，作業によっては高熱物や有害物質，その他の危険物を多かれ少なかれ取り扱っている。職場では，事故災害による負傷者の発生が多いだけではなく，その中には重篤な災害も発生している。このことは労働災害発生の統計の上でも表れている。

　労働災害は人道的にみて，あってはならない，起こしてならないものである。私たちの貴重な生命や財産を脅かすだけではなく，生産その他の産業活動を妨げ，場合によっては産業設備を破壊し，あるいは資材等を損なったり傷つけたりするなど，計り知れないほどの経済的損失をもたらす。また，第三者に対しても同じような損失を及ぼすことがある。

　現代における生産技術，生産技能を中心とする革新は日進月歩で，私たちの生活に大きく貢献している。その反面，省エネ化，新製品化のための機械，原材料によって新しい分野でさらなる災害が発生しており，その規模も大きくなっている。また，公害や環境汚染の発生といった社会問題ばかりではなく，働き方改革にみる労働環境の複雑化に伴う従来とは違ったストレスなど，人間性回復に関わる諸問題をも発生させている。

　私たちの職場から事故災害となる要因や条件を取り除き，常に安心して働ける環境をつくることは，単に労働者を保護するだけではなく，経営を進展させるためでもあり，さらには我が国の産業を発展させるのにも役立つ。これが，工場や事業者はもちろん，建設工事現場にも「緑十字旗」がはためき「安全第一」が叫ばれるなど，「産業安全」の重要性が提唱されている理由である。

　ここで，職業訓練と産業災害の防止との関係について考えてみる。

　「職業能力開発促進法」では第1条の目的において，「この法律は，雇用対策法と相まって，職業訓練及び……（中略）……，職業に必要な労働者の能力を開発し，及び向上させることを促進し，もって，職業の安定と労働者の地位の向上を図るとともに，経済及び社会の発展に寄与することを目的とする」と規定しており，職業訓練等には「職業の安定と労働者の地位の向上」という個人的意義と同時に，「経済及び社会の発展に寄与する」という社会的意義もあることが示されている。

　職業訓練施設は，社会生活で必要な技能と技術を習得する場であるとともに，安全で健康な職場生活を送るための知識と技能を併せて習得する場でもある。

　産業界には，極めて複雑で様々な災害が発生する要因が潜在している。そのため，今後の職業生活に必要な知識と技能の習得だけでなく，労働災害に対する認識を深めるとともに，それぞれの作業における災害防止に対する行動を習慣づけ，自らの安全と健康を守ることが大切で

ある。また，職業訓練施設においては災害を発生させないよう努めなければならず，職業訓練修了者は，職業生活において労働災害防止の推進者となることが期待される。

第1節　「労働安全衛生法」の目的

1.1　「労働安全衛生法」の制定の経緯

労働者の基本的権利等は，憲法を受けて制定された「労働基準法」を中心に規定されており，「労働安全衛生法」（以下，本書において「安衛法」という）においてもこれに基づいている。

しかし，危険な機械・有害な化学物質の製造や流通段階での規制，特殊な労働関係（重層下請けや建設工事における共同企業体等）での安全衛生管理，職業がん等に係る有害物の取扱い従事者の離職後の健康管理など，直接の雇用関係を前提とする「労働基準法」の規制では，社会経済や就業構造の大きな変化に対応ができなくなった。また，健康で快適な職場環境づくりを目指す幅広い安全衛生行政の展開や中小企業への援助指導等においても，「労働基準法」の最低基準確保の規制では対応が困難となった。

このような情勢のもとに，1972（昭和47）年に「安衛法」は「労働基準法」から分離して単独法として制定された。「安衛法」は「労働基準法」の個別の労働条件を定める部分から，安全衛生に関する部分を抜き出し，立法化されたもので，「安衛法」，「労働安全衛生法施行令」（以下，本書において「安衛令」という）及び「労働安全衛生規則」（以下，本書において「安衛則」という）からなっている。

また，「安衛法」は，安全衛生についての施策の基本的事項が定められ，「安衛則」は，「安衛法」に示された施策の具体的な手段が個別に定められている。

第2節　労働安全衛生関係法令の体系

「安衛法」及び関係法省令の体系図を図1－1に示す。

「安衛法」の目的として，次の二つが挙げられている（「安衛法」第1条）。

（1）　労働者の安全と健康を確保すること。

（2）　快適な作業環境の形成を促進すること。

そのためには，「労働基準法」と相まって総合的，計画的な次の対策を推進することとしている。

```
┌─────────────────────────────────────────────────────────────────┐
│ 日本国憲法第27条                                                    │
│   すべて国民は，勤労の権利を有し，義務を負う。                       │
│   賃金，就業時間，休息その他の勤労条件に関する基準は，法律でこれを定める。 │
│   児童は，これを酷使してはならない。                                 │
└─────────────────────────────────────────────────────────────────┘
```

労働基準法（労基法）（昭22法49）

男女雇用機会均等法

労働基準法施行規則
年少者労働基準規則
女性労働基準規則
事業附属寄宿舎規程
建設業附属寄宿舎規程

労働安全衛生法（安衛法）（昭47政令57）

労働安全衛生マネジメントシステムに関する指針（平11告53）

事業場における労働者の心の健康づくりのための指針（平12.8）

労働安全衛生法施行令（安衛令）（昭47政令318）

労働安全衛生規則（安衛則）（昭47省令32）

ボイラー及び圧力容器安全規則（ボイラー則）（昭47省令33）

クレーン等安全規則（クレーン則）（昭47省令34）

ゴンドラ安全規則（ゴンドラ則）（昭47省令35）

有機溶剤中毒予防規則（有機則）（昭47省令36）

鉛中毒予防規則（鉛則）（昭47省令37）

四アルキル鉛中毒予防規則（四アルキル則）（昭47省令38）

特定化学物質等障害予防規則（特化則）（昭47省令39）

高気圧作業安全衛生規則（高圧則）（昭47省令40）

電離放射線障害防止規則（電離則）（昭47省令41）

酸素欠乏症等防止規則（酸欠則）（昭47省令42）

事務所衛生基準規則（事務所則）（昭47省令43）

粉じん障害防止規則（粉じん則）（昭54省令18）

製造時等検査代行機関等に関する規則（機関則）（昭47省令44）

労働安全コンサルタント及び労働衛生コンサルタント規則（コンサル則）（昭48省令3）

廃棄焼却施設内作業におけるダイオキシン類ばく露防止対策（安衛則）（平13基発401）

作業環境測定法 ─── 作業環境測定法施行令 ─── 作業環境測定法施行規則

じん肺法 ─── じん肺法施行規則

労働者災害補償保険法 ─── 労働者災害補償保険法施行令 ─── 労働者災害補償保険法施行規則

労働災害防止団体法 ─── 労働災害防止団体法施行規則

雇用保険法 ─── 雇用保険法施行令 ─── 雇用保険法施行規則

労働者派遣法

図1－1　「労働安全衛生法」及び関係政省令の体系図
（出所：国土交通省中部地方整備局「安全サポートマニュアル」）

① 　事業場内における責任体制の明確化を図る。

② 　危害防止基準の確立を図る。

③ 　事業者の自主的活動の促進の措置を講じる。

「労働基準法と相まって」とは，「労働基準法」の第42条に「労働者の安全及び衛生に関しては，労働安全衛生法の定めるところによる」とされており，「安衛法」と「労働基準法」とが関連することを示している。

第3節　安全衛生の重要性

機械設備・作業環境，作業方法等を適切に保持し，職場で働く人たちの生命と健康を守ることは，本来，事業者の責任でもある。

私たちの働いている職場には，程度の差はあるものの，どのような職場であっても危険性が潜んでいる。特に工場や建設工事現場など生産活動の現場では，高速で動作する機械や資材等の重量物が多く，また高い場所での作業も多いので，その潜在的危険性はより高くなる。

そもそも私たちが働くのは，健康で文化的な生活を営むためであり，職場においても，その仕事が安全で健康的であることを望んでいる。職場で負傷したり病気になったりすることは，働く目的から大きく外れることになり，本来あってはならないことである。しかし，現実には多くの職場において，依然として労働災害が発生している。

職場における労働災害を防止するために，機械設備の安全化，適正な作業方法の実施，作業環境の改善等の各種の対策が進められている。安全衛生作業とは，職場における労働災害防止のための諸活動を推進するとともに，作業者自身も日々の仕事において安全衛生を心がけて作業をすることである。

第4節　施設の安全管理計画の策定

組織的に重要施策として安全管理を推進するために，安全管理計画を策定する。これは，国の方針や施策，施設長の基本計画等に基づいて，大局的かつ長期的視野に立ったものでなければならない。したがって，長期的なもの（3～5年程度）と短期的なもの（年次）について作成し，それぞれが関係づけられている必要がある。

また，安全管理は，絶えず変化している時点を適確に捉え，それに対応した方法で実施される必要がある。そのためには「計画（Plan）－実施（Do）－評価（Check）－改善（Action）」のPDCAの管理サイクルを繰り返しながら展開されなければならない。

4.1　計　　画

安全管理計画は，次のことに留意して策定する。

① 社会環境，地域環境，施設の実態に見合った施設独自の計画で，実行可能なものとする。

　1）　関係資料，情報を収集する。

　　　　関係情報には，監督官庁の方針，業界の動きなど社会の動向，災害記録，点検記録，安全（衛生）委員会議事録など施設内の資料を参考にする。

　2）　安全関係予算の編成をする。

　3）　各部門とのコミュニケーションを図る。

② 基本計画に基づき，施設，科・系単位で具体的な計画を作成する。

　1）　施設内の各科・系部門を参画させ，自覚をもたせる。

　2）　職場・訓練場内の情報や意見を取り入れ，具体的であって職場に受け入れられる内容にする。

③ 計画は，漸進的で高い水準の目標とする。

　1）　目標には定量的なものと定性的なものがあるが，目標を具体的にし，安全衛生活動をよりよく推進させるためには目標を定量化する。

　　　　なお，定量的目標とは，災害率，災害件数のように数値で表せるものであり，定性的目標とは，整理・整頓の徹底のように数値で表せないものをいう。

　2）　目標値は，施設内の訓練科業種や規模，安全水準等に応じた適切なものを選び，対策との関連を十分考慮する。

④ 先取り型の安全対策を取り入れる。

　1）　施設設備の本質安全化等，安全の先取りを行う。

　2）　新しい着想を取り入れ，マンネリ化を防ぐとともに，意欲的な活動ができるようにする。

⑤ 計画は，実施状況が常にフィードバックされるような機構とする。

　1）　実施段階において，活動を阻害する新たな要件が発生した場合は，直ちに計画を変更することを考慮する。

　2）　計画を変更する場合は，あらかじめ関係者にその理由を説明し，理解を得ておくようにする。

⑥ いくつかの案を作り，最終案を採択する。

　1）　関係者の意見を聞き，計画案は安全（衛生）委員会に諮る。

　2）　効果的実施を図るため，関係者に計画案を納得させる。

　3）　完成した計画は，公示や配布，説明等により，全員に周知徹底を図る。

⑦　計画の内容には，主に次の項目を取り入れる。

　　重点項目，詳細等の実施項目

- ・　安全管理体制
- ・　安全教育訓練
- ・　設備の安全化
- ・　環境の整備
- ・　安全作業の標準化
- ・　安全保護具の整備
- ・　安全活動
- ・　異常時の措置
- ・　安全予算

　　このほか，計画実施及び評価について定めておく必要がある。

第5節　安全衛生活動への積極的参加

　「健康第一」，「安全第一」を施設の基本理念として掲げ，施設トップ自らが安全衛生に関する基本方針と目標を示し，安全衛生基本方針のもとで，施設の管理組織（安全管理担当・健康管理担当）を主軸に安全衛生活動を促進する。

　また，開催する施設内の全体会議（すべての職員及び訓練生の参画）を通して，安全衛生活動への参加を呼び掛け，さらに各科・系から安全衛生に対する意見聴取（ヒヤリハット含む）とフィードバックを通じて，策定した安全衛生管理計画に基づく安全衛生管理活動を，全員が着実に実施することが重要である。

第 2 章

労働災害の現状

　我が国における産業活動は，戦後の復興期とそれに続く高度成長期に目覚ましい発展を遂げた。しかし，この経済成長は国民生活に伴う廃棄物の多様化と量の増大をもたらし，環境問題をはじめとして，交通災害や産業災害，職業性疾病の発生など，社会環境や生活環境等に急激な変化をもたらした。

　我が国の労働災害の発生状況をみると，1961（昭和36）年までは，労働力の伸びに支えられた生産拡大のため，発生件数は増加傾向にあった。その後，企業の合理化や省力化，さらに，1972（昭和47）年に「労働基準法」から独立して「安衛法」が施行され，罰則規定が設けられたこともあり，労働災害防止に対する意識が高まり，1961年を頂点として年々減少してきてい

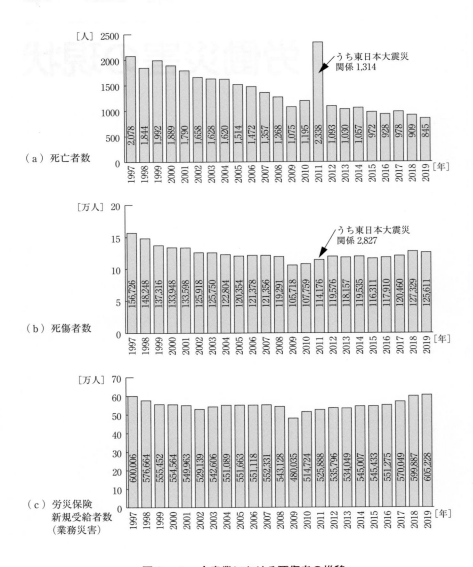

図2-1　全産業における死傷者の推移

（出所：死亡者数は厚生労働省安全課調べ。死傷者数は2011年までは労災保険給付データ及び厚生労働省安全課調べ，
2012年以降は労働者死傷病報告。労災保険新規受給者数は労働者災害補償保険事業年報）

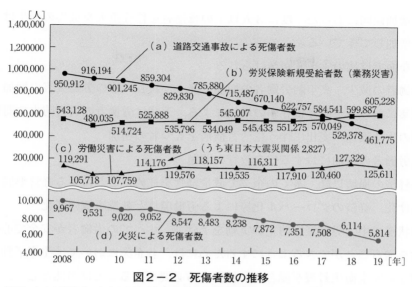

図２－２　死傷者数の推移

（出所：（a）は警察庁，（b）は厚生労働省（労働者災害補償事業年報），（c）は厚生労働省（労災保険
給付データ及び安全課調べ（2012年以降は労働者死傷病報告）），（d）は消防庁）

る。しかし，直近（2018年）では年間60万人近くの労働者が被災し，2017〜2019年の３年間では休業４日以上の死傷者が横ばいの傾向にある（図２－１，図２－２）。

　死亡災害については，1981（昭和56）年に初めて3,000人を割って以来，2,000人台で推移してきた。1998（平成10）年に2,000人を割り込み，毎年着実に減少を続け，13年連続して2,000人を下回ったが，2011（平成23）年には2,338人（ただし，東日本大震災を直接の原因とする1,314人を含む）となった。しかし，ここにきて下げ止まり傾向にあり，さらなる災害の低減が必要となっている。ちなみに2019（令和元）年では，図２－１によると845人であった。

　ところで，労働災害による被災者数は直近（2018年）では年間60万人にも及んでおり，毎日1,600人以上の人が職場で傷ついたり，病気になったり，あるいは尊い命を失っている。このことは，働く人々の約100人に１人が被災していることになる。この割合は交通事故や火災より，はるかに高い。

　ここで，近年における労働災害をめぐる情勢を考える。

　まず物的な面では，企業の生産工程や建設工事等における機械設備の大型化，ロボット化，高速化の進展，技術革新や新工法の導入，新規化学物質の使用の拡大等が挙げられ，これらに伴う新たな種類の災害の発生など，その潜在する危険性が増大しつつある。このため，従来は労働災害の多発要因であった手動の機械器具や物の取り扱い，運搬等の人力作業を中心とする災害の割合は減少し，荷役機械^{注）}や建設機械，その他の動力機械による災害の割合が多くなった。

注）　荷役は「にえき」ともいう。

　なお，やや増加傾向にあった一度に3人以上の死傷者を伴う重大な災害の発生は，一時減少したが，また増加してきている。

　一方，人的な面では次の①～⑥が挙げられる。

①　若年労働者の減少，高年齢労働者の増加に伴う，新しい形の労働災害の増加

②　主要産業における下請け依存率の増加による，下請け労働者の災害防止の問題

③　労働者の生活態様の変化に伴う生活習慣病をもつ者の増加

④　外国人労働者の増加に対する安全教育の問題

⑤　バブル経済の崩壊以降，多くの企業で減量経営を進めたことによる経営形態の変化

⑥　情報高度化，経済のグローバル化等による労働環境と就業事情の変化

　このような状況の中，労働災害防止の実効を上げて，すべての労働者が安全で心身ともに健康な職業生活を送ることができるようにするためには，各企業において，生産活動のあらゆる分野できめ細かい安全衛生対策を総合的に展開する必要があることは当然として，機械設備の設計製造や研究開発の担当者が，それぞれの立場で安全衛生についての配慮を最優先に行わなければならない。

　産業活動に伴うひずみの一つである労働災害防止は，国自体の強力な政策の推進が必要であり，同時に，企業側も重要な社会的責任の課題として取り組まなければならない。

　世界に類を見ない我が国の経済発展と，これに伴う技術革新，生産設備の高度化など著しい経済興隆のかげで，多くの労働者が労働災害を被っているという状況を踏まえ，新たな規制事項，国の援助措置等を加えて，1972年に「安衛法」が制定された。

　「安衛法」では第1条で，「この法律は，労働基準法と相まって，労働災害の防止のための危害防止基準の確立，責任体制の明確化及び自主的活動の促進の措置を講ずる等その防止に関する総合的計画的な対策を推進することにより職場における労働者の安全と健康を確保するとともに，快適な職場環境の形成を促進することを目的とする。」と法の目的を規定している。

　さらに，1975（昭和50）年には，快適な作業環境を確保することにより，職場での労働者の健康を保持することを目的として，作業環境測定に関して作業環境測定士等の必要な事項を定めた「作業環境測定法」が制定された。

　これらの法律制定により，安全衛生問題に関する各界の関心が非常に高まった。近年，労働災害は減少傾向にあるが，多くの人々が死傷していることは，主として多くの中小零細企業において，依然として初歩的な災害を繰り返していることに由来しているといっても過言ではない。今後は，いろいろな分野において，地道な労働災害防止活動を広げていく努力が必要である。

　いずれにしても，災害防止活動が単なる精神活動にとどまらず，生産活動と一体になった具体的な形で企業に定着するよう，労使をはじめ関係者がお互いに力を尽くさなければ災害の減少は望めない。

第1節　労働災害発生状況

「人命尊重」という崇高な基本理念のもと，産業界の自主的な労働災害防止活動が継続されてきている。事業場では，労使が協調して労働災害防止対策が展開されてきた。この努力により労働災害は長期的には減少しているが，休業4日以上の死傷災害については横ばいの傾向にある。

業種別では，陸上貨物運送事業や第三次産業で増加率が高く，事故の型では，「転倒」や熱中症を中心とする「高温・低温の物との接触」で増加率が高くなっている。これらの要因としては，基本的な安全対策が不十分なことによる災害の発生や，業種を問わず増加を続けている転倒災害が冬季を中心に発生していることが考えられる。

また，近年増加している高年齢労働者対策や，今後，増加の見込まれる外国人労働者対策を

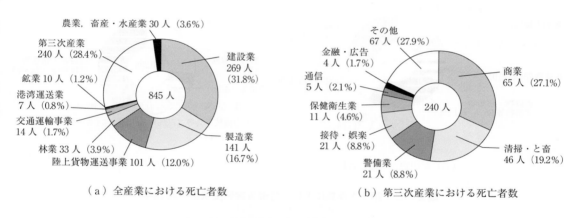

（a）全産業における死亡者数　　　　　　　（b）第三次産業における死亡者数

図2-3　業種別の死亡災害発生状況（2019年）
（出所：厚生労働省「平成31年／令和元年における労働災害発生状況」

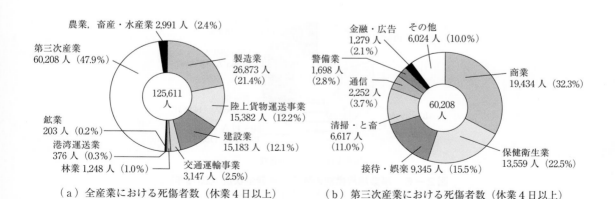

（a）全産業における死傷者数（休業4日以上）　　　（b）第三次産業における死傷者数（休業4日以上）

図2-4　業種別の死傷災害発生状況（2019年）
（出所：（図2-3に同じ））

はじめとする，就業構造の変化及び働き方の多様化に対応等も考慮した，日々の仕事が安全なものとなるような取り組みが求められている（図 2 - 3 ～図 2 - 8 ）。

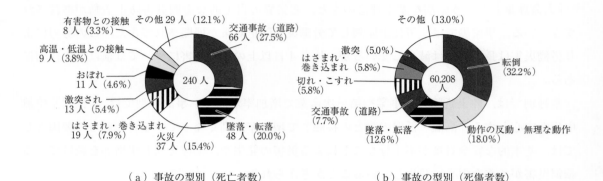

（ａ）事故の型別（死亡者数）　　　　　　（ｂ）事故の型別（死傷者数）

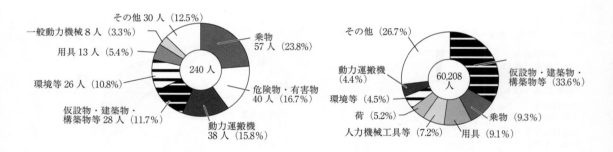

（ｃ）起因物別（死亡者数）　　　　　　（ｄ）起因物別（死傷者数）

図 2 - 5　第三次産業における労働災害発生状況（2019年）
（出所：（図 2 - 3 に同じ））

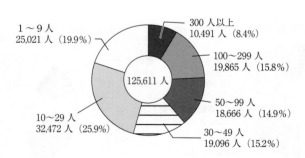

休業 4 日以上の死傷者数

図 2 - 6　事業場規模別の死傷災害発生状況（2019年）
（出所：厚生労働省「労働者死傷病報告」）

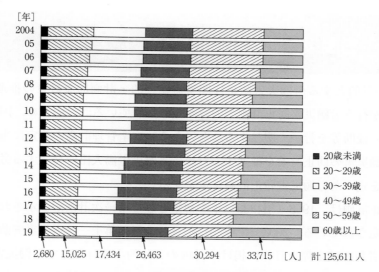

図2－7　年齢層別死傷災害（休業4日以上）

(出所：(図2－6に同じ))

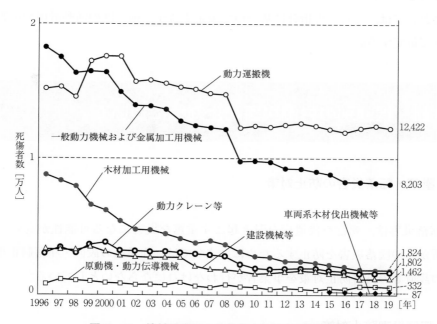

図2－8　機械設備による休業4日以上の死傷者数

(出所：1998（年度）までは労災保険給付データ及び労働省安全課調べ。1999（年）以降は労働者死傷病報告。※2011年は東日本大震災を直接の原因とする災害を含む。)

第2節　労働災害防止計画について

「安衛法」が目的とする労働災害防止に関する総合的・計画的な対策の推進を図るために，国や事業者等が行う労働災害防止計画の内容が定められている。このため，国は事業者に対して指導・監督・援助等を行い，関与することになる。安全管理計画の策定に当たっては，官民一体とした労働災害の防止対策を推進するために，厚生労働大臣が発令する労働災害防止に関する重要事項を定めた労働災害防止計画を策定する。

労働災害防止計画は，1958（昭和33）年を初年として第一次計画が公示されて以来，その後5年ごとに策定されている。2008（平成20）年3月公示の第十一次労働災害防止計画では，死亡者数・死傷者数の減少等を目標に掲げ，計画の具体的な項目として労働災害多発業種対策，石綿障害予防対策，メンタルヘルス対策及び過重労働による健康障害防止対策等，10の項目を挙げた内容となっている。

各施設においては，これらの指針に基づいて策定するが，前年度の活動計画や災害事例等を考慮に入れて策定する。

第3節　課題別の労働災害防止対策について

3.1　墜落・転落災害の防止対策

墜落・転落災害は，死亡や後遺症を引き起こす重篤な災害になる可能性が高い。高さ2m以上の高所からの墜落災害を防止するために，法令では，作業床の設置・墜落制止用器具の使用，囲いの設置等の災害防止対策を事業者が行わなければならないとしている。

3.2　転倒災害防止対策

図2-9は，「転倒」，「はさまれ・巻き込まれ」，「墜落・転落」の事故の型について，示したものである。「はさまれ・巻き込まれ」，「墜落・転倒」は緩やかではあるが減少してきているものの，近年下げ止まり傾向にあり，転倒災害は増加傾向にある。

また，図2-10は2018（平成30）年の休業4日以上の死傷災害を示したもので，転倒災害が最も多く発生している。転倒災害の増加している理由として，働く人の高齢化が挙げられる。高年齢労働者は，身体の平衡機能や俊敏性，視認性が低下するため転倒しやすく，また，わず

かにつまずいただけであっても災害の重篤度が高まる傾向がある。今後，労働人口の高齢化が進む中，事業者における転倒災害防止対策は極めて重要となっている。

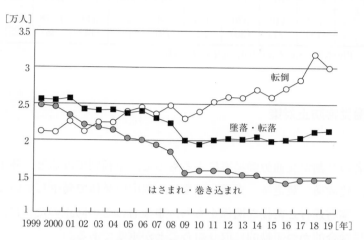

図２－９　年齢層別死傷災害（全産業・死亡及び休業４日以上）
（出所：(図２－６に同じ)）

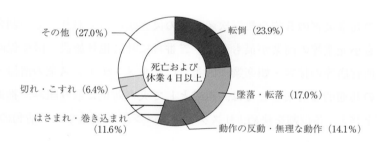

図２－10　死傷災害発生状況（全産業・2019年）
（出所：(図２－６に同じ)）

3.3　熱中症の予防対策

　高温多湿な環境下において，体温の調整がうまくいかず，体内の水分及び塩分のバランスが崩れたり，体内の調整機能が破綻したりして発症する障害を総称して熱中症という。

　表２－１は熱中症による死傷者数の推移を示したものであるが，近年特に増加傾向がみられる。その対策として，作業環境管理，作業管理，健康管理の三管理が特に重要である。また，労働者に対する労働安全衛生教育を繰り返し行い，日々の注意喚起を併せて行うことも大切である。さらに，救急処置としてあらかじめ病院や診療所等の所在地，及び連絡方法を把握しておく必要がある。

表2－1　熱中症による死傷者数の推移

（出所：厚生労働省「2019年　職場における熱中症による死傷災害の発生状況」）

年	2011	2012	2013	2014	2015	2016	2017	2018	2019
人	422 (18)	440 (21)	530 (30)	423 (12)	464 (29)	462 (12)	544 (14)	1,178 (28)	829 (25)

※　（　　）内の数値は死亡者数であり，死傷者数の内数。

3.4　交通労働災害防止対策

　全労働災害死亡者の2割が交通労働災害によるもので，業種別でみると，陸上貨物運送業をはじめとする商業，建設業，製造業，交通運輸業等，幅広い業種で発生している。

　交通労働災害は，業務遂行と密接な関係をもち，事業者はその防止のために，一般の労働災害防止対策と同様に総合的かつ組織的に取り組むことが重要である。

3.5　第三次産業における労働災害防止対策

　休業4日以上の死傷災害の5割を第三次産業での災害が占めており，その割合は年々増加傾向にある。中でも小売業等の商業が最も多く，二番目に社会福祉施設，医療保険業等の保健衛生業，三番目に飲食店等の接客・娯楽業，四番目にビルメンテナンス業の清掃・と畜業となっている。これらの共通的な対策としては，組織として災害防止に取り組み，推進していくために安全管理体制を整え，各役割を決め，リスクアセスメントの実施や5S活動の推進等を行う。

3.6　高年齢労働者の安全対策

　2017（平成29）年の就業者数6,664万人のうち，55歳以上の就業者数は2,010万人と約30％を占めている。また，2018年の50歳以上の死傷者は全体の49％を超え，死亡者に至っては全死亡者の59％を超えている。高年齢労働者は，豊富な知識と経験をもっていることから，その場の判断力と統率力を兼ね備えているとされている。しかし，加齢に伴い身体機能の低下が労働災害発生の一因でもある。

　高年齢労働者の災害の特徴として，休業日数が長く，その程度も重くなる傾向がある。高年齢労働者の安全対策は職場で不可欠であり，対策を講じる際は，高年齢労働者のみならず，女性や若年労働者などすべての労働者に有効な具体的対策を実施する必要がある。

　なお，高年齢労働者の特性を配慮した作業環境や作業方法等の具体的な改善事例集等を参考にすることも重要である。

●●●●●●●●●●● 第 **3** 章

安全管理体制の確立

　労働災害を防止するには「安衛法」を順守しなければならない。「安衛法」は最低基準を定めたものであり，これにとどまらず，事業者等の自主的で継続的な活動があって初めて災害低減が可能になる。

　安全衛生管理体制の最低基準は，事業の種類と労働者数の規模に応じて定められている。安全衛生管理体制には，全企業に共通するものと，建設業者の下請混在作業等にみられる特殊な事業に関するものとがある。

第1節　全事業に適用される基準

　安全衛生管理体制の基準は，事業場を単位として規定されており，その体制は次のとおり定められている。

① 　総括安全衛生管理者を決定する（「安衛法」第10条）。

② 　安全又は衛生管理者を設置する（「安衛法」第11，12条）。

③ 　作業主任者を置き，監督させる（「安衛法」第14条）。

④ 　安全又は衛生委員会を設置し，調査・審議する（「安衛法」第17，18条）。

1．1　総括安全衛生管理者

（1）　選任を必要とする事業場（「安衛法」第10条，「安衛令」第2条）

表3－1　総括安全衛生管理者の選任を必要とする事業場

業　　種	常時使用労働者数
① 　林業，鉱業，建設業，運送業及び清掃業	100人以上
② 　製造業（物の加工含む），電気業，ガス業，熱供給業，水道業，通信業，各種商品卸売業，家具・建具・じゅう器等卸売業，各種商品小売業，家具・建具・じゅう器等卸小売業，燃料小売業，旅館業，ゴルフ場，自動車整備業及び機械修理業	300人以上
③ 　その他の業種	1,000人以上

（2）　総括安全衛生管理者の行う業務（「安衛法」第10条）

① 　労働者の危険又は健康障害を防止する措置

② 　労働者の安全又は衛生に関する教育の実施

③ 　健康診断の実施等，健康管理

④ 　労働災害の原因調査及び再発防止対策

⑤ 　そのほか，労働災害を防止するため必要な業務で，厚生労働省令で定めるもの

（3）　総括安全衛生管理者の資格

　総括安全衛生管理者は，学歴や経験，年齢に関係なく，その事業を統括管理する者を当てることとしており，例えば，工場長や所長等，事業場を実質的に統括・管理する権限と責任を有する者を指している。

（4）　その他の事項（「安衛則」第2条ほか）

① 　選任は14日以内に行い，遅滞なく労働基準監督署長に報告する。
② 　疾病，事故，旅行等で総括安全衛生管理者が不在のときは，代理者を選任する。

1.2　安全管理者

（1）　選任を必要とする事業場（「安衛法」第11条，「安衛令」第3条）

表3-2　安全管理者の選任を必要とする事業場

業　種	常時使用労働者数
林業，鉱業，建設業，運送業，清掃業，製造業（物の加工含む），電気業，ガス業，熱供給業，水道業，通信業，自動車整備業及び機械修理業	50人以上

（2）　安全管理者が行う業務（「安衛法」第11条）

総括安全衛生管理者の行うべき業務のうち，安全に関する技術的事項を担当する。

（3）　資　　　格（「安衛則」第5条）

表3-3　安全管理者の資格

学　歴	安全に関する経験年数
①　高等専門学校，大学において理科系統の課程を修めた者，独立行政法人大学改革支援・学位授与機構により学士の学位を授与された者（当該課程を修めた者に限る）又はこれと同等以上の学力を有すると認められる者を含む	2年以上
②　高等学校において，理科系統の課程を修めて卒業した者	4年以上
③　労働安全コンサルタント	
④　厚生労働大臣が上記と同等以上の能力を有すると認めた者	

（4）　安全管理者の巡視及び権限の付与（「安衛則」第6条）

① 　安全管理者は，作業場等を巡視し，設備，作業方法等に危険のおそれがあるときは，直

ちに，その危険を防止するため必要な措置を講じなければならない。

② 事業者は，安全管理者に対し，安全に関する措置をなし得る権限を与えなければならない。

（5）　その他の事項（「安衛則」第4条ほか）

① 選任は14日以内に行い，労働基準監督署長に遅滞なく報告する。

（6）　専任の安全管理者を必要とする事業場（「安衛則」第4条）

都道府県労働局長が指定する特殊化学設備（発熱反応により，爆発，火災等のおそれのあるもの等）を設置する事業場（指定事業場という）については，操業中，常時，安全管理者を選任することが必要とされている。

1.3　衛生管理者

「安衛法」において，全業種の一定規模以上の事業場については，衛生委員会の設置，総括安全衛生管理者，衛生管理者，産業医等の選任を義務づけており，衛生管理者においては，衛生に係る技術的事項を管理する者，常時50人以上の労働者を使用する一定の事業場において選任が義務づけられている。

「衛生管理者」は専属でなければならず，他の事業場との兼任はできない。また「衛生管理者」を置かない場合の罰則規定が設けられている（「安衛法」第12条）。

（1）　選任を必要とする事業場（「安衛法」第12条，「安衛令」第4条）

表3-4　衛生管理者の選任を必要とする事業場

業　種	常時使用労働者数
全業種	50人以上

事業場の規模により，衛生管理者の最低必要な人員が定められ，さらに，一定規模以上の事業場では，最低1名を専任とすることが定められている。

また，坑内や暑熱場所等，有害業務を取り扱う事業場で一定規模以上のものは，衛生管理者の中から1名を衛生工学衛生管理者に選任することとしている（「安衛則」第12条）。

（2）　資　　格（「安衛則」第10条）

① 衛生管理者試験に合格した者（第一種，第二種，衛生工学衛生管理者等）

② 保健婦

③　薬剤師

④　医師，歯科医師

⑤　労働衛生コンサルタント

（3）　衛生管理者の行う業務（「安衛則」第11条）

①　総括安全衛生管理者の行うべき業務のうち，衛生に関するものの技術的事項の管理

②　作業場を巡視（少なくとも毎週1回）し，設備，作業方法，衛生状態等に有害のおそれのあるときは，直ちに労働者の健康障害を防止する措置を講じなければならない。

1.4　安全衛生推進者等　（「安衛法」第12条の2）

安全衛生推進者又は衛生推進者を選任しなければならない事業場は，常時10人以上50人未満の労働者を使用する事業場とされている。

1.5　産　業　医

（1）　選任を必要とする事業場（「安衛法」第13条，「安衛令」第5条）

表3－5　産業医の選任を必要とする事業場

業　種	常時使用労働者数	産業医の数	専属の産業医の選任が必要な事業場
全業種	50人未満	産業医の選任義務なし	
	50～499人	1人	該当なし
	500～999人	1人	「安衛則」第13条第1項第2号で定める特定業務（有害な業務）に常時500人以上の労働者を従事させる事業場
	1,000～3,000人	1人（専属）	常時1,000～3,000人の労働者を使用するすべての事業場
	3,001人以上	2人（専属）	常時3,001人以上の労働者を使用するすべての事業場

（2）　資　格（「安衛法」第13条）

医師のうちから選任する。

（3）　産業医の行う業務（「安衛則」第14条）

①　健康診断の実施等，労働者の健康管理（少なくとも毎月1回作業場を巡視する）

②　衛生教育等，労働者の健康促進を図るための措置のうち医学的専門知識を要するもの

③　労働者の健康障害の原因及び調査再発防止のための医学的措置

（4）　その他の事項（「安衛則」第13条ほか）

①　選任は14日以内に行い，遅滞なく労働基準監督署長へ報告する。

②　産業医は，総括安全衛生管理者の指揮下ではなく，労働者の健康管理に関して，事業者や総括安全衛生管理者に勧告し，衛生管理者を指導し，助言する。

1.6　作業主任者

（1）　選任を必要とする作業（「安衛法」第14条，「安衛令」第6条，「安衛則」第16条）

作業主任者は，危険，有害な作業単位ごとに選任する。

選任を要する作業，作業主任者の一部の名称を表3－6に挙げる。

表3－6　作業主任者の選任を必要とする事業場

作　業	作業主任者の名称	必要な資格
アセチレン溶接装置又はガス集合溶接装置を用いて行う金属の溶接，溶断，加熱の業務	ガス溶接作業主任者	ガス溶接作業主任者免許
ボイラーの取り扱いの作業 （小型ボイラーは除く）	ボイラー取扱作業主任者 ・特級ボイラー技士 　伝熱面積500 m² 以上 ・1級ボイラー技士 　伝熱面積25〜500 m² 未満 ・2級ボイラー技士 　伝熱面積25 m² 未満	ボイラー技士免許 （ボイラーの規模により特級，1級・2級の別） （※ 小規模ボイラーは技能講習修了でも可）
木材加工機械を5台以上有する事業場で行う当該機械の作業（木材加工機械とは，丸のこ盤，帯のこ盤，かんな盤，面取り盤，ルーターをいい，移動式のものを除く）	木材加工用機械作業主任者	木材加工用機械作業主任者技能講習修了
動力プレス機械を5台以上有する事業場において行う当該機械による作業	プレス機械作業主任者	プレス機械作業主任者技能講習修了
つり足場，張出し足場又は高さが5 m 以上の構造の足場の組み立て，解体又は変更の作業	足場の組立て等作業主任者	足場の組立て等作業主任者技能講習修了
建築物の骨組み又は塔であって，金属製の部材により構成されるもの（高さが5 m 以上に限る）の組み立て，解体又は変更の作業	建築物等の鉄骨の組立て等作業主任者	鉄骨の組立て等作業主任者技能講習修了
軒の高さが5 m 以上の木造建築物の構造部材の組立て又はこれに伴う屋根下地，外壁下地の取り付けの作業	木造建築物の組立て等作業主任者	木造建築物の組立て等作業主任者技能講習修了
特定化学物質の製造又は取り扱う作業（金属アーク溶接等）	特定化学物質作業主任者	特定化学物質及び四アルキル鉛等作業主任者技能講習修了
有機溶剤を製造し，又は取り扱う業務で，省令に定める作業	有機溶剤作業主任者	有機溶剤作業主任者技能講習修了
特定石綿等を製造し，又は取り扱う作業	石綿作業主任者	石綿作業主任者技能講習修了

（2）　作業主任者の行う業務（「安衛則」第130条ほか）

作業主任者は，危険・有害な作業について，その危険防止のため直接の指揮等実施すべき業務が，作業ごとに定められている。

一般的に実施すべき業務として，次のものがある。

① 　取り扱う機械及びその安全装置を点検する。

② 　取り扱う機械及びその安全装置に異常を認めた場合は，直ちに必要な措置をとる。

③ 　作業中は，治具，工具等の使用状況を監視する。

（3）　その他の事項（「安衛則」第17条ほか）

① 　一つの作業を同一の場所で行う場合において，作業主任者を2名以上選任したときは，それぞれの作業主任者の職務の分担を明確に定めておく。

② 　作業主任者を選任したときは，氏名，担当業務等を作業場の見やすい場所に掲示し，さらに，作業主任者に腕章，特別の帽子をかぶせる等により関係者に周知する。

1.7　安全委員会

（1）　安全委員会を必要とする事業場（「安衛法」第17条，「安衛令」第8条）

表3-7　安全委員会を必要とする事業場

業　種	常時使用労働者数
林業，鉱業，建設業，製造業のうち木材・木製品製造業，化学工業，鉄鋼業，金属製品製造業及び輸送用機械器具製造業，運送業のうち道路貨物運送業及び港湾運送業，自動車整備業，機械修理業並びに清掃業	50人以上
製造業（上記のものを除く，加工業を含む） 運送業（上記のものを除く），通信業，電気業，ガス業，水道，熱供給業	100人以上

（2）　安全委員会の性格（「安衛法」第17条）

安全委員会は次の事項を調査審議して，労働者が事業者に対して意見を述べるため，事業場ごとに設けなければならない。

① 　労働者の危険を防止するための基本的対策

② 　労働災害の原因及び再発防止対策（安全関係）

③ 　安全関係規定の作成，安全教育実施計画の作成，新規採用の機器・原材料の危険防止等の重要事項

（3）　安全委員会の構成メンバー（「安衛法」第17条）

① 　次の者のうち，どちらか1名が議長を務める。
　1）　事業の実施を総括管理する者（統括安全衛生管理者選任事業場はそのものが議長を務める）
　2）　上記に準じる者で事業者が指名した者（副工場長，副所長等）
② 　安全管理者のうちから事業者が指名した者
③ 　当該事業場の労働者で，安全に関し経験を有する者のうちから事業者が指名した者
④ 　事業者は議長以外の委員の半数については，当該事業場に労働者の過半数で組織する労働組合があるときにおいては，その労働組合，労働者の過半数で組織する労働組合がないときにおいては労働者の過半数を代表する者の推薦に基づき指名しなければならない。
⑤ 　安全委員会の構成委員数は，事業規模，作業の実態に即し，適宜決定する。しかし，労働協約等で別段の定めがある場合，それを優先する。
　　なお，安全委員会のメンバーは，当該事業場の者であることが必要である。

（4）　安全委員会の運営（「安衛則」第33条）

安全委員会の運営は次による。
① 　安全委員会は，毎月1回以上開催する。
② 　安全委員会の運営の必要事項は，会が定める。
③ 　安全委員会の議事録は，3年間保管する。
④ 　安全委員会は，問題のある事項については労使の意見一致を前提として行動する。

1.8　衛生委員会

（1）　必要とする事業場（「安衛法」第18条，「安衛令」第9条）

表3－8　衛生委員会を必要とする事業場

業　　　種	常時使用労働者数
全業種	50人以上

（2）　衛生委員会の性格（「安衛法」第18条）

衛生委員会は，衛生に関する次の事項を調査・審議し，事業者に対して意見を述べるための機関である。
① 　労働者の健康障害を防止するための基本となるべき対策に関すること。

② 労働者の衛生に関する規定，衛生教育の実施計画，新規化学物質等の有害性調査，作業環境測定に係るもの，健康診断に係るもの等の重要事項に関すること。

③ 労働災害の原因及び再発防止対策で，衛生に係るものに関すること。

④ 労働者の健康障害の防止及び健康の保持増進に関する重要事項等。

（3）　衛生委員会の構成メンバー（「安衛法」第18条）

衛生委員会が安全委員会と異なる点は，次のとおりである。

① 安全管理者に代わって衛生管理者をメンバーに加える。

② 産業医，当該事業場の労働者である作業環境測定士を委員に指名することができる。

その他の事項は，安全委員会の内容に準じて実施する。

（4）　衛生委員会の運営（「安衛則」第23条）

安全委員会に準じて実施する。

1.9　安全衛生委員会

安全，衛生それぞれの会に代えて，安全衛生委員会を設置することができる。

委員の構成等は，安全又は衛生の各委員会に準じ，両会のメンバーが出席することになる。

1.10　安全委員会及び衛生委員会のない事業場（「安衛則」第23条の2）

労働者数が50人未満の事業場等，法的には委員会を設ける必要はないが，安全衛生について労働者の意見を聞く機会を設けることが定められている。

機会を設ける方法としては，職場懇談会等の機会を利用してよいとされている。

1.11　建設業等の特定の事業

建設業等に属する元方事業者は，請負契約関係にある二つ以上の事業者の労働者が，同一の場所において，混在して仕事を行うことにより生じる労働災害防止を図るため，使用する労働者数が一定数以上の規模の事業場（特定事業という）については，特に，安全管理体制を強化したものである。

1．12　統括安全衛生責任者

（1）　選任すべき特定な事業場（「安衛法」第15条，「安衛令」第7条）

表3－9　統括安全衛生責任者を選任すべき事業場

業　　　種	常時使用労働者数 （下請け業者を含む）
建設業，造船業	50人以上
ずい道等の建設の業務 圧気工法による作業を行う業務全業種	30人以上

（2）　統括安全衛生責任者の行う業務（「安衛法」第15条）

「安衛法」30条の特定元方事業者の行う協議組織の設置等の事項を統括管理するとともに，元方安全衛生管理者を指揮監督する。

（3）　資　　　格（「安衛法」第15条）

総括安全衛生管理者と同様に，その事業者において，その事業の実施を統括するものとする。

（4）　その他の事項（「安衛則」第3条ほか）

①　選任は14日以内に行い，選任した場合は遅滞なく労働基準監督署長へ報告する。
②　疾病，旅行等で不在のときは代理人を選任する。

1．13　元方安全衛生管理者

（1）　選任を必要とする事業場（「安衛法」第15条の2，「安衛則」第18条の2）

統括安全衛生責任者を選任した場合，その元方事業者は，元方安全衛生管理者（その事業の専属の者）を選任する。

（2）　元方安全衛生管理者が行う業務（「安衛法」第30条）

統括安全衛生責任者が行う次の業務のうち，技術的事項を管理する。
①　協議組織の設置及び運営
②　作業間の連絡及び調整
③　作業場所の巡視
④　関係請負人が行う安全衛生教育の指導・援助

⑤　その他必要事項

1．14　安全衛生責任者

（1）　選任を必要とする事業場（「安衛法」第16条）

統括安全衛生責任者の選任義務のある事業者以外，又は，選任の指名を受けた事業者以外の請負人（下請け業者等）で，当該仕事を自ら行うものが選任する。

（2）　安全衛生責任者が行う業務（「安衛則」第19条）

①　統括安全衛生責任者との連絡
②　統括安全衛生責任者から連絡を受けた事項の関係者への周知

（3）　資　　格

特に定めがない。

（4）　その他の事項（「安衛則」第3条ほか）

①　安全衛生責任者を選任した場合，遅滞なく，統括安全衛生責任者を選任している事業者に連絡する。
②　疾病，旅行等で不在のときは代理人を選任する。

1．15　店社安全衛生管理者

中小規模な建設業の現場等で，統括安全衛生責任者の選任義務がない現場においても，一定数の労働者を使用して作業を行う場合には，店社安全衛生管理者を選出する必要がある。

（1）　店社安全衛生管理者の選出（「安衛法」第15条の3）

店社安全衛生管理者の選出を定められている工種は，ずい道等の建設，圧気工法による作業，橋りょうの建設（人口が集中している地域内における道路上など，安全な作業の遂行が損なわれるおそれのある場所での仕事に限る）で下請も含めた労働者数が常時20人以上50人未満の現場，又は，主要構造部が鉄骨造又は鉄骨鉄筋コンクリート造の建設物の建設で，下請も含めた労働者数が常時20人以上50人未満の現場等である。

ただし，店社安全衛生管理者を選任すべき現場において，統括安全衛生責任者と元方安全衛生管理者を選任して職務を行っている場合は問題ない。

（2）　店社安全衛生管理者の業務

　最低月1回の現場巡視や，作業間の連絡・調整や，安全衛生に対する指導などで，選任者は理科系統の学科修了や実務経験の資格要件を満たす必要がある。

●●●●●●●●●●● 第 *4* 章

安全衛生管理の
進め方

　労働災害は，ある日突然起こるものではなく，その発生においては，不安全な状態や不安全行動等，いわゆる災害の発生する要因が存在する。この災害要因の発見段階で，これを職場から排除すれば，災害は防ぎ得るものがほとんどであるとされている。

　労働災害は，人と物との接触において生じるものであるから，その要因も人と物の両方にあるといえる。また，程度にも大小様々なものがあり，リスクが小さいからといって見逃すと，やがて大きな災害を招きかねない。災害要因を発見した場合には，直ちにこれを排除するとともに，災害要因の徹底した分析と対策が必要である。

第1節　自主的な努力の重要性

　どのような活動も，自主的に意欲的に行われることが最も望ましいが，日々の業務に追われ，なかなか完璧に実行されないのが現状でもある。しかし，職場に働く人々がそれぞれの立場で常に事故の悲惨さを考え，安全衛生活動を確実に実行に移す，このことは，自主的活動の推進であり，安全衛生活動の本来の姿でもある。

　「安衛法」の第1条の目的に，「自主的活動の促進」が協調されているが，この考えに立てば，事業場や職場では国が定めた最低基準や技術上の指針に満足することなく，各々の実情に即した形で努力を積み上げ，より高い水準の確立を目指すことが望まれる。

第2節　本質安全化，有害物の代替への取り組み

　機械設備等の危険箇所には，安全装置を取り付けなければならない。有害物には発散を抑制する設備を設ければよいとされていたが，見直されてきている。事故防止のための安全装置や発散抑制の設備が必要だということは，その機械設備や原材料に危険・有害性があることにほかならない。言い換えれば，この危険・有害性そのものを除けば，安全装置も発散を抑制する設備も必要がなくなるということになる。

　このように，機械・設備や原材料を本質的に安全化することや有害性をなくすことこそ，安全衛生本来の在り方といえる。

第3節　災害原因の分析とその活用方法

　労働災害の調査を行い，災害原因を分析することにより，同種又は類似の災害を防止するこ

とができ，安全管理を充実させ，安全水準を高めることができる。

　また，災害調査を積極的に実施すれば，災害防止に関する知識，経験が豊富となり，安全点検の能力が増し，災害の未然防止に役立てることができる。

3.1　災害発生の仕組み

　ハインリッヒは，多くの災害を分析し，同一の原因に対して，1件の重傷災害が起こる前には29件の軽傷災害が発生し，さらにその前には無傷害事故が300件発生しているとし，災害となる潜在的な原因を排除することが重要であると説いている。

　また，事故の相関性については，図4－1に示すように五つの駒に例えられる。安全の原則は，特に第三の駒の倒れを防ぐこと，つまり，不安全行動と不安全状態を排除することが重要であることを，併せて説いている。

① 　第一の駒（社会的及び環境的欠陥）

　　人間は社会的及び環境的条件で，その人間の行動に大きく影響力をもつ。

② 　第二の駒（個人の欠陥）

　　人間には事故を起こしやすいタイプがあり，軽率，神経質，激しい気質等がこれに該当する。

③ 　第三の駒（不安全行動と不安全状態）

　　人間が不安全状態のところで不安全行動をするとき，危険で不安全な傾向となる。

④ 　第四の駒（事故）

　　不安全行為と不安全状態が重なると，事故が発生する。

⑤ 　第五の駒（災害）

　　事故が発生すれば，災害（傷害）が生じる。

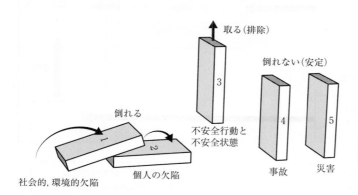

図4－1　事故の相関性（ハインリッヒの5つの駒）

3.2　災害発生のメカニズム

　事故・災害は，人間の「不安全行動」と設備の「不安全状態」，作業環境の異常な状態により起こる傾向がある。「不安全行動」と「不安全状態」は，直接的な原因があり，その背景には間接原因として，安全管理上の欠陥がみられる。

　図4−2は，災害発生のメカニズムを災害発生現象面で捉えた基本的モデルである。基本的モデルにおける用語については，次に示す。

　①　不安全な状態

　　不安全な状態とは，ヒヤリハット等の事故を起こしそうな状態，又は事故の要因をつくり出しているような状態で，一般的には設備の不安全状態をいう。

　②　不安全な行動

　　不安全な行動とは，災害の原因となった人の不安全な行動をいう。

　③　災　　　害

　　災害とは，物と人とが接触した現象等をいい，この接触現象を「事故の型」で示されている。例えば，墜落・転落，激突，飛来・落下，はさまれ・巻き込まれ等である。

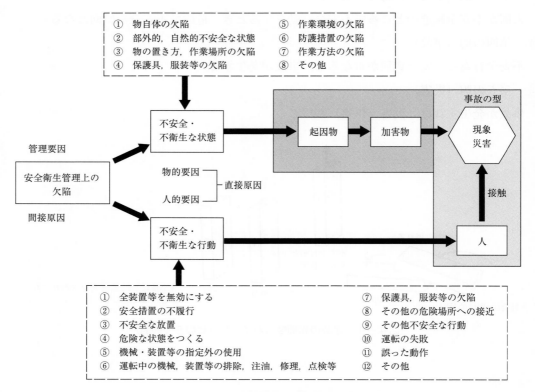

図4−2　災害発生の基本的モデル

④　事　　　故

　事故とは，予定していた事象の進行中に，予想しがたい障害が発生することをいう。

⑤　起　因　物

　起因物とは，災害をもたらす元となった設備機械，装置，環境等をいう。

⑥　加　害　物

　加害物とは，直接，人に触れて危険を加えた物をいう。例を以下に示す。

　１）　人が道を歩いているとき，車が石をはねて人に当たった。

　　　　起因物：車　　　加害物：石

　２）　人が木材を抱えて運搬中に，その木材を落として足を骨折した。

　　　　起因物：木材　　　加害物：木材

　労働災害は，人の不安全行動と設備の不安全状態がちょうど重複したときに多く発生している。たとえ不安全状態であっても，安全な行動で対処すれば防げる災害も多くある。また，不安全行動であっても，設備側の安全装置や「ポカよけ」等の働きで，事故に至らなかったケースもある。

　設備の安全管理維持は事業者が行わなければならないが，不安全行動（ヒューマンエラー）は訓練と安全教育以外に特効薬はなく，それぞれの作業現場で作業を通して，個別の指導教育が最も有効的とされている。それぞれの職場で先輩等から作業のコツ，急所を教わることで，より鋭い危険感受性が身に付き，作業の正しいやり方が身に付くとされている。

　小さな切り傷であったとしても，職場で起きたその１件の小さな災害は，海に浮かんだヒヤリハットという災害予備軍の大きな氷山の一角であることを認識しなければならない（図４-３）。

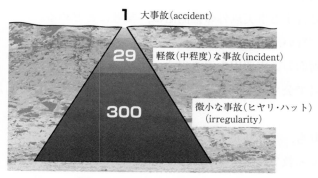

図４-３　ヒヤリハット

3.3　災害調査

災害調査は，災害原因となった人間（ヒューマンエラー），又は設備の不具合や欠陥を究明し，

再発防止のための対策を立てることを目的としている。正確な調査を行い，原因の真実を知ることが重要である。

　そのためには，徹底した原因を究明する習慣を身に付け，さらに，災害調査に必要な知識，経験を備えることが重要とされている。

（1）　調　査　者

　調査は，総括安全衛生管理者（一定の規模以上選任義務）が，統括管理のもとに安全管理者等を指揮し組織的に行うが，不休災害等の軽微なものは安全管理者等により行われる場合が多い。また，安全委員会（安全衛生委員会）の委員においても，必要により議長の指示に基づき災害調査が行われる。

　なお，処理できない特殊な災害，大きな災害，学術的な検査を要する災害等については，専門家に依頼するなどの適切な対処が望まれる。

（2）　調　査　方　法

①　調査は，災害発生直後に行う。
②　現場の物理的痕跡を収集する。
③　現場の写真を撮り，記録する。
④　目撃者，現場責任者等の多くの者から，事故時の状況を聞き取りする。
⑤　被害者から，災害状況，直前の状況等を聞く。

（3）　調査上の留意事項

①　事実のみを収集する。その事故理由は後回しにする。
②　目撃者等が発言する事実以外の推測話は，参考にとどめる。
③　調査は敏速に行い，現場を早く片付け，二次災害を防止する。
④　人，設備，両面の災害要因を導き出す。
⑤　第三者の立場で公平に調査を進める。そのためには，調査は2名以上で行うのが望ましい。
⑥　責任追及よりも，再発防止を優先する基本的態度を堅持する。
⑦　被災者に対する救急措置を優先する。
⑧　二次災害の予防をし，危険性に対応した保護具を忘れずに着用する。

（4）　調査・報告事項

　法的に報告を要する災害は，報告様式に定められた内容を漏れなく調査し，遅滞なく，事故報告書を所轄の労働基準監督署長へ提出する。

報告を要する主な災害は，次のとおりである。

① 　事業場又はその付属建物内で，次の事故が起きた場合（「安衛則」第96条）

　　1）　火災，爆発の事故

　　2）　遠心機械，研削といし，その他高速回転体の破裂の事故

　　3）　機械集材装置，巻き上げ機，索道の鎖，索の切断の事故

　　4）　建設物，付属建物，煙突等の倒壊の事故

② 　労働者等が労働災害，その他就業中，又は事業場内，付属建物内において負傷，窒息，急性中毒により死亡，休業（1日以上）したとき（「安衛則」第97条）

③ 　その他による事故

　　1）　ボイラー等の破裂，煙道ガスの爆発等による事故

　　2）　クレーン等の倒壊，落下，墜落等による事故

　　3）　クレーン等のワイヤロープ，チェーンの切断による事故

3.4　災害原因の分析

災害を分析する方法は，次の二つの方法がある。

（1）　個別に行う分析

　災害原因を個別に行うもので，詳細に究明するほど効果があるとされている。

　これは，災害件数の比較的少ない事業場に適するほか，一度に多数の死傷者を伴った事故等，特殊な災害や重大災害分析に適する。

（2）　統計による分析

　起きた災害事故を数多く集めて，統計手法によって分析を検討し，事故・災害の原因である共通のケースを見いだし，明らかにするものである。

　一般的な手法としてパレート図，特性要因図，クロス分析，管理図等がある。

3.5　災害原因の分析活用

（1）　災 害 統 計

災害統計をとることは安全衛生管理の仕事の一部であり，効果的な災害防止対策を見いだすための基本的な手法の一つである。

　個々の災害について，その原因や発生条件を様々な角度から調査し，それらをまとめて分類し検討することによって，災害防止対策を立てる重点やその手段を明らかにすることができる。

　また，一定期間内に発生した死傷件数，及び死傷によって失われた労働日数を集計して災害率を算出することは，産業間又は事業場間の比較ができ，労働災害防止活動を反省し，活動の目安を立てることができる。

　多くの事業場においては，このような理由及び目的のため，年ごとにあるいは月ごとに各種の統計を作成・活用しており，行政機関としても各業種を対象として種々の統計を作成し，災害の発生動向を把握するなどして行政に役立てている。

　また，労働者としても災害統計に深い関心を寄せ，自分たちの働く事業場の安全水準がどの程度であるのかを認識するとともに，災害の発生原因あるいは発生条件を知り，合理的な災害防止活動を実践していかなければならない。

　災害の発生原因や発生条件（間接原因）については後述することとして，ここでは今日，多くの事業場で用いられ，かつ国際的にも広く採用されている年千人率，度数率及び強度率について説明する。

a　年千人率

　年千人率とは，災害発生率の表示形式の一つで，労働者1,000人当たりの年間の労働災害による死傷者数（労働災害発生件数）を表したものであり，各産業間の比較によく用いられる。労働者数には年間の増減があるので，その平均値を用いる。

$$年千人率＝\frac{1年間の労働災害による死傷者数（労働災害発生件数）}{労働者数（年平均）}×1,000$$

　例えば，労働者数が年間平均100人の職場で，1年間に4人の死傷者を出した場合は，

$$年千人率＝\frac{4}{100}×1,000＝40$$

となり，この事業場では，1年間に，労働者1,000人当たり40人の死傷者を出していることになる。

　なお，災害発生状況を比較するには災害の発生率によるものが便利であるが，労働者数は同じであっても，所定労働時間（1日の定められた労働時間）の長短や時間外労働時間の有無によって延べ労働時間は事業場によって異なることから，災害発生率としては，延べ労働時間を使用した度数率を用いるほうが的確である。しかし，中小企業等で労働時間数の把握が難しい場合や，災害発生率を簡単に算出比較する場合には年千人率が用いられる。

b　度数率

　度数率は，一定の延べ労働時間当たりの災害発生率であり，100万労働時間当たりの労働災害による死傷者数で表される。

$$度数率＝\frac{労働災害による死傷者数（1年間）}{延べ労働時間数（1年間）}×1,000,000$$

　したがって，度数率は各種産業間，あるいは同種産業の大・中小企業間との比較によく用い

られる。

例えば，労働者が 50 人の事業場で年間の総労働時間が 1,800 時間の場合（この場合，年間の延べ労働時間が 50×1,800 = 90,000 時間になる），この期間に 3 人の死傷者を出したときの度数率は，

$$度数率 = \frac{3}{90,000} \times 1,000,000 = 33.33$$

他産業，同種産業で比較する場合，年千人率で表されている場合と度数率で表されている場合があるので，業種別規模別の年間総労働時間を用いて換算しなければならない。簡易換算を行う場合には，次のとおりとなる（ただし，あくまでも目安である）。

例えば，全産業における年間総労働時間を 1,747 時間とすると，

$$年千人率 = 度数率 \times \frac{1,747}{1,000} \qquad 度数率 = \frac{年千人率}{1,747}$$

となる。

c　強度率

年千人率あるいは度数率は，労働災害の発生頻度が分かるだけで，軽傷であっても不幸にして死亡した場合でも死傷者数 1 人は 1 件として扱われ，被災の程度（被災の軽重の度合い）は表されていない。この被災の程度を考慮したものが，強度率である。

強度率は，1,000 労働延べ時間数当たりの労働損失日数で表される。

$$強度率 = \frac{1\,労働損失日数}{延べ労働時間数} \times 1,000$$

ただし，例えば労働損失日数が 300 日という場合，1 人（1 件）の災害によるものなのか，数人（数件）の災害によるものなのかは分からないため，度数率と併用することによって，災害の発生率及びその被災の程度が明らかになる。

強度率算出の基礎である労働損失日数の計算方法は必ずしも一定ではないが，厚生労働省において推奨しているものを示すと，死亡及び永久労働不能（障害の結果，永久的に有給労働に従事できないと判断されるもの）の場合は 7,500 日，永久一部労働不能（障害の結果，身体の一部を完全に失ったもの，又はその機能を永久に不能にしたもの）の場合は，その程度により級別して，最低を 50 日，最高を 5,500 日としている。身体障害を伴わない負傷の場合は，その休業日数に 365 分の 300 を乗じた日数を労働損失日数としている。

例えば，年間の平均労働者数 50 人，延べ労働時間数が 90,000 時間の事業場で，身体障害を伴わない 3 人の負傷者が出る災害が発生し，その延べ休業日数を 219 日とすると，その労働損失日数は，

$$労働損失日数 = 219 \times \frac{300}{365} = 180$$

となり，その強度率は，

$$強度率 = \frac{180}{90,000} \times 1,000 = 2$$

となる。これは，この職場では発生した労働災害により，1,000延べ労働時間当たり2日の労働損失があったことを示している。

d　度数率と強度率の関係

度数率と強度率は，1923年（大正12年）ILOによって取り上げられて以来，ほとんど全世界で共通する産業災害の比率を表す尺度であるが，安全衛生関係者以外にはなじみにくいものである。

度数率と強度率の関係は，労働者一生の延べ労働時間を63,000時間（年間総労働時間1,800時間で35年勤務）とすると，度数率は労働者1人の一生の労働時間当たりに被災する平均回数となり，強度率はそれによって被る労働損失日数となる。

例えば，ある年度の建設業（総合工事業）の度数率を0.85，強度率を0.21として，平均回数及び労働損失日数を計算すると，

$$平均回数 = \frac{0.85 \times 63,000}{1,000,000} = 0.05$$

$$損失日数 = \frac{0.21 \times 63,000}{1,000} = 13.2$$

となり，建設業の従事者は，入職から退職までの間に平均して0.05回負傷し，その労働損失日数は13.2日となる。

したがって，企業の度数率及び強度率から，その会社の入社時から定年退職までの平均負傷回数とその労働損失日数を容易に知ることができる。

最新の業種別の度数率及び強度率を表4－1に示す。

e　その他の災害統計

労働災害は血のにじむ貴重な教訓であり，同種の災害を二度と繰り返さないようにこれらの災害調査と対策の記録は十分に整理し，災害の原因となった不安全状態（物的），不安全行動（人的）を分析・検討して職場の災害防止に役立てなければならない。

そのために，各企業では前記の統計尺度を使用しつつ，その推移を，①原因別統計，②月別統計，③職場別統計，④職種別統計，⑤曜日別統計，⑥時刻別統計，⑦勤続年数別統計，⑧年齢別統計，⑨負傷部位別統計等に分けて作成し，その推移を活用する必要がある。

表4－1　業種別労働災害発生率（事業所規模100人以上・2019年）

（出所：厚生労働省「平成31年／令和元年　労働災害動向調査」）

業　種	度数率		強度率
区　分	死傷合計	死亡	
全産業	1.80	0.01	0.09
農業，林業	7.33	0	0.12
建設業（総合工事業を除く）	0.80	0.01	0.18
職別工事業（設備工事業を除く）	2.10	0.06	0.55
設備工事業	0.62	0.01	0.13
製造業	1.20	0.01	0.10
食料品，飲料・たばこ・飼料製造業	3.48	0.02	0.25
繊維工業	1.53	0.01	0.08
木材・木製品製造業（家具を除く）	2.90	0	0.08
家具・装備品製造業	1.35	0	0.04
パルプ・紙・紙加工品製造業	1.94	0.06	0.63
印刷・同関連業	1.60	0	0.06
化学工業	0.94	0	0.02
石油製品・石炭製品製造業	0.19	0	0.00
プラスチック製品製造業	1.25	0.01	0.12
ゴム製品製造業	0.83	0.01	0.14
なめし革・同製品・毛皮製造業	1.19	0	0.00
窯業・土石製品製造業	1.08	0.01	0.10
鉄鋼業	0.89	0.02	0.21
非鉄金属製造業	0.81	0.01	0.12
金属製品製造業	1.12	0.01	0.15
はん用機械器具製造業	0.77	0.01	0.14
生産用機械器具製造業	0.75	0	0.08
業務用機械器具製造業	0.71	0	0.01
電子部品・デバイス・電子回路製造業	0.50	0	0.01
電気機械器具製造業	0.54	0	0.01
情報通信機械器具製造業	0.36	0	0.01
輸送用機械器具製造業	0.50	0.00	0.04
電気・ガス・熱供給・水道業	0.70	0	0.01
運輸業，郵便業	3.50	0.00	0.14
卸売業，小売業	2.09	0	0.04
サービス業（他に分類されないもの）（一部の業種に限る）	3.18	0.02	0.29

注1）「0」労働災害による死傷者数がないもの。「0.00」小数点以下第3位において四捨五入しても小数点以下第2位に満たないもの。

注2）「サービス業（他に分類されないもの）」は，一般廃棄物処理業，産業廃棄物処理業，自動車整備業，機械修理業及び建物サービス業に限る。

第4節　危険性の事前把握

　技術の進歩とともに，機械設備の大型化と複雑化，新しい作業工程や工法の採用等により，潜在的エネルギーは増大している。エネルギーの増大は，危険性も大きくなり，発生する災害も重篤化し，その原因も複雑になっている傾向がある。

　これらに対処する方法として，危険性の質，量の変化に即応する危険防止対策が必要である。したがって，機械設備を新たに導入する場合は，計画，設計等の各段階で，機械設備自体の安全性を確保し，機械設備の配置，作業環境等についても十分な配慮が必要である。

4.1　リスクアセスメントによる危険性の把握

　リスクアセスメントの手法は，欧米において数十年以上前から原子力発電，化学プラント，化学物質等の分野，機械設計分野で実施されるようになってきた。リスクアセスメントの定義は，各国で微妙に異なっているが，共通しているものは，「潜在する危険性の体系的な事前評価（危険の重要性と危害の可能性という二つの側面から評価する）及び評価に基づく対策の優先度の合理的な裏付け」である。

　定義には分かりにくい部分もあるが，要するに「危険源を特定する（見いだす）こと」，その「リスクを推定し，評価すること」，そして「対策の優先度を決定すること」の3手順を述べている。

4.2　リスクアセスメント実施手順

　リスクアセスメントの一連の実施手順は，一般的に次のとおりであり，それらをまとめたものを図4－4に示す。
① 職場におけるリスクアセスメント実施計画の作成
② リスクアセスメント実施範囲の決定
③ 情報収集
④ 危険源の特定
⑤ 危険源に接する人間の特定
⑥ 人間と危険源がどのような状態のときに接するのかのパターンの特定
⑦ リスクの見積り
⑧ リスクの評価
⑨ リスク低減対策の検討
⑩ リスク低減対策の優先度の決定及びリスク低減対策の決定

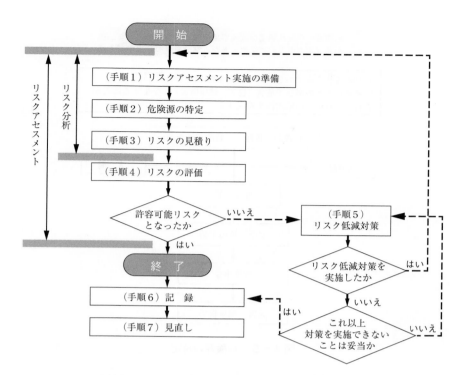

図4−4　リスクアセスメントとリスク低減手順

⑪　リスク低減対策の実施

⑫　リスクアセスメントの結果及びリスク低減対策の記録

⑬　効果の判定

⑭　見直し（工程変更が実施された場合，定期的な見直し）

⑮　リスクアセスメントのチェック・見直し計画

（1）　手順1：リスクアセスメント実施の準備

職場のリスクアセスメントを実施する前に，対象とする具体的な職場の範囲を決定する。

リスクアセスメントを実施するために，実施部署にて，実施計画書を作成，必要な情報（設備，材料，作業，要員等，災害や健康障害に関する情報）を収集する。

（2）　手順2：危険源の特定

作業に関係するあらゆる危険源を特定する。また，人間と危険源が接する可能性のあるすべてを特定し，それらに人間が危険源に接することにより，事故，災害，健康傷害が発生する可能性がある危険事象を特定する。

危険源から事故，災害，健康障害へ至るプロセスを図4−5に示す。

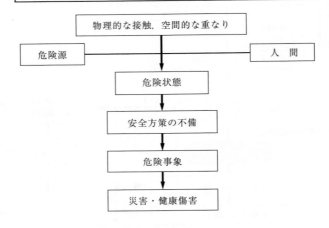

図4－5　危険源の特定

（3）　手順3：リスクの見積り

　起きることが想定される災害，健康障害の重大性及び災害，健康障害発生の可能性の二つの
リスク要素から見積もることができる。

　手順2で特定された危険源について，リスク要素を見積もる（図4－6）。

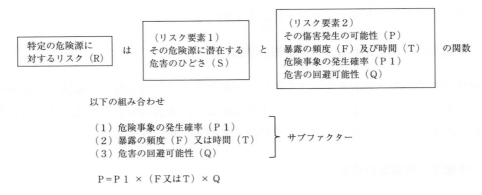

図4－6　リスク見積りの定義

a　リスク要素1

　起きることが予想される災害，健康障害の「ひどさ」の程度を見積もる。例えば表4－2の
ように，3段階に分類しているものもある。

同表は例ではあるが，「ひどさ」を決めかねる場合は，簡易的に決める方法として，軽微は赤チン災害，重大は不休災害，極めて重大は休業，死亡災害とする方法もある。

b　リスク要素2

災害，健康障害の発生の可能性を見積もる。災害，健康障害の発生の可能性を見積もる場合，考慮に入れておきたい事項を次に示す。

① 予防措置（安全装置）の信頼性，妥当性

② 危険源に接する人数

③ 危険源に接する頻度及び時間

④ 設備及び機械類の故障の可能性と影響

また，表4－3は，災害・健康障害の発生の可能性の事例について示す。

表4－2　災害・健康障害のひどさ

	ひどさ	ひどさの事例
1	軽　　微	表面的な傷害，軽い切り傷及び打撲傷，ダストが目に入った，不快感及び刺激（例えば，頭痛），一時的身体不全感をもたらす健康障害
2	重　　大	裂傷，火傷，振動症，重篤捻挫，軽微な切断，難聴，皮膚炎，喘息，労働関連上肢障害，永続的軽微能力障害をもたらす健康障害
3	極めて重大	切断，重症破断，中毒，多発外傷，致死外傷等

表4－3　災害・健康障害の発生の可能性（例）

	発生頻度の分類
1	発生の可能性が極めて小さい
2	発生の可能性が小さい
3	発生の可能性が大きい

以上の二つのリスク要素の見積り結果を総合的に判断して，見積り結果を出す。

（4）　手順4：リスクの評価

リスクの評価は，実際にリスク低減が必要か否かを判断する基準となる。リスクレベル（許容可能リスク）を決めておき，その職場に存在するリスクについて，許容可能か否かの判断を行う。これがリスク評価である。

リスクの見積りから，リスク評価手法として，加算法，積算法，マトリックス法，リスクグラフ法等があるが，ここでは一般的な加算法と積算法について示す。

　図4-7は，加算法及び積算法を例にとり，リスク見積りの重み付けと，その結果をリスクレベルで評価をしたものであり，そのリスクレベルの例を図4-8に示す。

　Ⅰ～Ⅳに当てはめ，対策が必要なものかどうかを決定する必要がある。

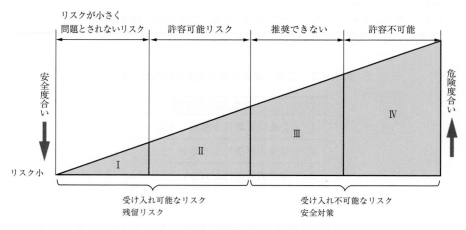

危害の程度	点　数
致命的	10
重　傷	6
ひどい	3
軽　傷	1

危害の発生確率	点　数
確実である	6
可能性が高い	4
可能性がある	2
ほとんどない	1

頻　度	点　数
頻　繁	4
ときどき	3
たまにある	2
ほとんどない	1

リスクレベル	点　数【R】	
	加算法	積算法
Ⅳ	20～13	240～140
Ⅲ	12～9	139～70
Ⅱ	8～6	69～25
Ⅰ	5以下	24～1

加算法：リスク【R】＝危害の程度 ＋ 危害の発生確率 ＋ 頻度

積算法：リスク【R】＝危害の程度 × 危害の発生確率 × 頻度

図4-7　加算法，積算法の一例

リスクが小さく
問題とされないリスク　　許容可能リスク　　推奨できない　　許容不可能

安全度合い　　危険度合い

リスク小

Ⅰ　Ⅱ　Ⅲ　Ⅳ

受け入れ可能なリスク
残留リスク

受け入れ不可能なリスク
安全対策

図4-8　リスク評価とリスクレベルの例

（5）　手順5：リスク低減対策

　リスク評価結果に基づき，リスクレベルが決定され，リスク低減が必要と判断されたリスク（受け入れ不可能なリスク）について，リスク低減を実施する。原則的には，すべてのリスクについて許容可能リスク以下になるようにリスク低減対策を実施する。

　表4-4は，リスク低減対策の順番を示したものである。確実なリスク低減を図るために

表4－4　リスク低減対策の手順

リスク低減対策の順番	対策の内容	具体例
（1）　本質的に安全な設備，機械等とする	機械，設備の改善によりリスクを低減する	・危険を及ぼすおそれのある鋭利な端部，角，突起物を除去する ・エネルギーを最小限にする
（2） 　イ．安全防護対策の採用	事故発生時に災害にひどさ，可能性を軽減する	ガードと安全防護装置を用いた保護対策
ロ．追加安全対策を採用		・非常停止装置 ・捕捉時の脱出，救助手段 ・動力遮断と残留エネルギーの消散
（3）　使用上の情報により作業上で災害を防止する	作業上で災害を防止する（残留リスク）	危険状態の表示，警告，作業手順書の作成，教育訓練，保護具等

は，最初に（1）の本質的に安全な設備，機械とし，それでも低減ができない場合は（2）の人が入れないような安全防護対策や，人を救出するための追加安全対策（非常停止等），設備改善による対策を採用する。

（6）　手順6：記　　　録

職場のリスクアセスメント及びリスク低減対策の結果を記録する。

　記録は，個々のリスクが評価され，それぞれへの対応がどのように行われたか，また，その際にどのような評価基準が採用されたかを示す根拠として用いることができるので，必要項目は詳細に記録する。

　また記録は，職場の安全ノウハウとして活用ができる。新たな設備を導入する際に活用することで，本質的な安全対策を織り込むことができ，安全技術の蓄積に役立つ。

（7）　手順7：見　直　し

リスクアセスメントは，一度実施すれば終わりということはなく，工程変更など大幅に条件が変わった場合には見直しをする必要がある。また，変更がない場合でも，年1回程度の頻度で定期的にリスクアセスメントのやり直しをする必要がある。

機械設備等・環境の安全化

　近年は，生産現場における省力化のための機械化の進展が著しく，また第三次産業を含めた各分野にまで拡大，多様化が進んでいる。そのため，機械設備による災害も業種を問わず幅広く発生している。生産技術の進歩に伴い，機械設備は大型化，高速化，複雑化が進み，ハイテク技術による自動化やシステム化等の発展も著しく，それに伴う新しいタイプの災害も発生している。

　本章では，機械・設備・環境など，災害を未然に防ぐための基本的な対策等について理解し，その意識を高めることを目標とする。

第1節　機械設備・環境の安全化

　職場の環境は，人や設備，作業条件が絶え間なく変化する中で，潜在的な危険が常につくられていく。すなわち，職場は生き物であるといえる。さらに，その環境条件は管理者側から与えられたものであり，作業者が自己防衛できる範囲は非常に小さいものであることを認識しなければならない。したがって，職場環境の整備・改善こそ，人道的にも第一に採り上げ，かつ実行しなければならない問題である。

　作業者がミスを犯す確率は，工夫により下げることはできるがゼロにすることはできない。生産活動を行う過程で，より良い製品を早く正確に製造し，さらに災害を発生させないことが理想であるが，効率を優先するあまり災害に対する予防意識が薄れてしまうからである。

　しかし，作業者の予防意識が薄れても機械や設備の側で予防できれば，それだけ製品製造に集中することができる。作業者が不安全な行動をした場合，機械・設備の安全装置により，その作業や動作が中断される。その結果，不安全な行動が回避させられる。これにより，作業者は作業に集中することができる。また，作業者の経験・技能に左右されることなく災害を阻止できる。このように機械を安全化することで，生産性が上がる。

　上記のとおり，人的ミスを回避するには機械・設備の工夫が必要である。しかしながら，製造現場で使用される機械・設備は様々であり，安全装置を施したとしても，作業上，やむを得ず安全装置を無効にし，自らが保護具等を使用したり，特殊な工具で作業を行ったり，作業の内容によって完全な安全化は難しい面もある。このため，機械・設備が製作された当初ではなく，後付けの安全装置等で安全化を進めることもあるが，設置場所等を設計・製造者側と使用者側の両者で進めることが，安全化を図る上で理想である。

　その装置を製作した設計者と使用する作業者とが情報を共有し，安全性の高い装置へとするための創意工夫が必要である。

　なお，機械・設備側で災害を発生させないシステムを構築した場合には，その機械・設備の異常を検知し，動作不良を未然に防ぐための点検作業が不可欠となる。

1.1 機械設備等の配置

一般に，工場内で品物（材料）を加工する場合，一つの機械だけでは出来上がらない。品物は，一つの機械から次の機械へと工程に従って移っていき，次第に完成されていく。そこで，品物が機械にかけられているときが加工作業であり，機械から機械へ，あるいは一つの場所からほかの場所へと移動されるときが運搬作業である。工場での作業は，この加工作業と運搬作業が組み合わされて成り立っているといえる。

また，運搬作業は加工作業の中間作業であって加工作業ではない。運搬作業を少なくすることで加工時間を増やすことができる。すなわち，効率の良い作業が行われることになる。そのためには，品物の機械間の移動を少なくし，これを自動的に行う流れ作業が行われる。

流れ作業では，自動的に品物が流れているときには災害が発生する余地はないが，機械の一時的なトラブルで修理を行う際など，別の要素による災害の発生がみられる。

品物の運搬作業をできるだけ少なくするためには，作業場全体において品物の加工順序を考慮し，機械を適正に配置する必要がある。さらに，品物の運搬や作業者の通行のために，安全な通路の確保が何より大切になる。

しかし，近道をしたり，機械の間を通り抜けたりする際，物に当たったり，置いてあるものにつまずいたりして被災することがしばしば見受けられる。このような災害は，往々にして本人の不注意として片づけられがちであるが，次の点に配慮する必要がある。

① 歩行する通路を定め，白線等でほかの部分と区分けをする。
② よそ見をしたり，ポケットに手を入れて歩かない。
③ 急いでいるときでも，曲がり角では前方を確認する。
④ 外開きのドアを開くときは，前方に人がいるつもりでゆっくりと開ける。
⑤ 高所で作業をしている下やクレーンのつり荷の下は絶対に通らない。
⑥ 凍結した通路は砂等をまき，滑り止めをしてから通行する。
⑦ 通路上の不要物は片づけて，通路を確保する。

1.2 機械設備等の安全条件

「安衛法」では，危険な作業を必要とする機械等について，製造，貸与，設置等が規制されている。特に危険な作業を必要とする機械等で次に示すもの（「特定機械等」）を製造しようとする者は，あらかじめ，都道府県労働局長の許可を受ける必要がある（「安衛法」第37条，「安衛令」第12条）。

（1）　製造の許可及び検査を要する機械等

① ボイラー（小型ボイラー等を除く）

② 第一種圧力容器（小型圧力容器等を除く）

③ つり上げ荷重が3t以上（スタッカー式のクレーンは1t以上）のクレーン

④ つり上げ荷重が3t以上の移動式クレーン

⑤ つり上げ荷重が2t以上のデリック

⑥ 積載荷重が1t以上のエレベーター

⑦ ガイドレールの高さが18m以上の建設用リフト

⑧ ゴンドラ

そして，上記の特定機械等を製造し，又は輸入した者は，都道府県労働局長が行う検査を，また特定機械等を据え付けた者は，労働基準監督署長が行う検査を受けなければならない（「安衛法」第38条，第39条）。

さらに，これらの検査を受けた機械に対しては検査証が交付され，この検査証の有効期間の更新のための検査を受けなければならない（「安衛法」第41条）。

（2）　規格又は安全装置等を具備すべき機械等

前項で述べた特定機械等に次いで，危険で厳しい要件を必要とする設備として，以下の危険有害な機械設備，安全装置，保護具等が挙げられる。これらは，厚生労働大臣が定める規格又は安全装置を具備していなければ，譲渡，貸与又は設置することができない（「安衛法」第42条，「安衛令」第13条）。

① プレス機械又はシャーの安全装置

② ゴム，ゴム化合物又は合成樹脂を練るロール機及びその急停止装置

③ 防爆構造電気機械器具

④ クレーン又は移動式クレーンの過負荷防止装置

⑤ 防じんマスク

⑥ 防毒マスク

⑦ アセチレン溶接装置のアセチレン発生器

⑧ 第二種圧力容器

⑨ 研削盤，研削といし及び研削といしの覆い

⑩ 木材加工用丸のこ盤及びその反ぱつ予防装置又は歯の接触予防装置

⑪ 手押しかんな盤及びその刃の接触予防装置

⑫ 動力により駆動されるプレス機械

⑬ アセチレン溶接装置又はガス集合溶接装置の安全器

⑭　交流アーク溶接機用自動発撃防止装置

⑮　絶縁用保護具

⑯　絶縁用防具

⑰　活線作業用装置

⑱　活線作業用器具

⑲　絶縁用防護具

⑳　フォークリフト

㉑　ブルドーザー等の建設機械で，動力を用い，かつ，不特定の場所に自走することができるもの

㉒　型枠支保工用のパイプサポート，補助サポート及びウイングサポート

㉓　枠組足場等の鋼管足場用の部材及び付属金具

㉔　つり足場用のつりチェーン及びつりわく

㉕　合板足場板

㉖　小型ボイラー

㉗　小型圧力容器

㉘　つり上げ荷重が0.5t以上3t未満（スタッカー式クレーンにあっては，つり上げ荷重が0.5t以上1t未満）のクレーン

㉙　つり上げ荷重が0.5t以上3t未満の移動式クレーン

㉚　つり上げ荷重が0.5t以上2t未満のデリック

㉛　積載荷重が0.25t以上1t未満のエレベーター

㉜　ガイドレールの高さが10m以上18m未満の建設用リフト

㉝　積載荷重が0.25t以上の簡易リフト

㉞　再圧室

㉟　潜水器

㊱　波高値による定格管電圧が10kVA以上のエックス線装置

㊲　ガンマ線照射装置

㊳　紡績機械及び製綿機械で，ビーター，シリンダー等の回転体を有するもの

㊴　簡易ボイラー

㊵　簡易圧力器（第一種圧力容器及び小型圧力容器以外のもの）

㊶　簡易圧力器（第一種，第二種圧力容器及びアセチレン発生器以外のもの）

㊷　保護帽

㊸　墜落制止用器具

㊹　チェーンソー

㊺　ショベルローダー

㊻　フォークローダー

㊼　ストラドルキャリヤー

㊽　不整地運搬車

㊾　作業床の高さが2m以上の高所作業車

また，以上のほかに，動力により駆動される機械等で，これらの作動部分上にキー，ボルト等の突起物があった場合，この部分に作業者の衣服が巻き取られる危険がある。そのため，次のような防護措置が講じられていなければ，譲渡，貸与又はこのための展示が禁じられている（「安衛法」第43条，「安衛規」第25条）。

(1)　作業部分上の突起物（セットスクリュー，ボルト，キー等）

　　埋頭型とするか，又は覆いを設ける。

(2)　動力電動部分又は調速部分（歯車，カム，ベルト，プーリ等）

　　覆い，又は囲いを設ける。

①～㊾に示した「規格又は安全装置を具備すべき機械等」のうち，一定のものについては行政機関又は厚生労働大臣の指定した検定代行機関が行う検定を受け，それに合格した旨の表示を行わなければならない。前述の49種の機械等の中で，②，⑧，㉖及び㉗は「個別検定」を，①～⑥，⑧，⑩，⑫，⑭～⑯，㉖，㉗及び㊷は「型式検定」を受けるべきとされている（「安衛法」第44条，第44条の2，「安衛令」第14条，第14条の2）。

（3）　検定を要する機械等及び定期自主検査

機械等の安全を確保するためには，前項で述べたような措置に加えて，事業者が当該機械等の使用過程で，一定の期間ごとに自主的にその機能をチェックし，異常の早期発見と補修に努める必要がある。このような趣旨から，次に示す機械等について，事業者に定期自主検査の実施とその結果の記録が義務づけられている（「安衛法」第45条，「安衛令」第15条）。

①　(1)で述べた「製造の許可を要する特定機械」①～⑧及び，(2)で述べた「規格又は安全装置を具備すべき機械等」⑧，⑫，⑮～⑱，⑳，㉑，㉖～㉝及び㊺～㊾

②　動力により駆動されるシャー

③　動力により駆動される遠心機械

④　化学設備及びその付属設備

⑤　アセチレン溶接装置及びガス集合溶接装置

⑥　乾燥設備及びその付属設備

⑦　動力車及び動力により駆動される巻き上げ装置で，軌条により人又は荷を運搬する用に供されるもの

⑧　局所排気装置，プッシュプル型換気装置，除じん装置，排ガス処理装置及び排液処理装

　　置で，厚生労働省令で定めるもの

⑨　特定化学設備及びその付属設備

⑩　ガンマ線照射装置で，透過写真の撮影に用いられるもの

　定期自主検査が必要な機械のうち，特に次の機械については，行うべき定期自主検査を特定自主検査と規定し，事業者が使用する労働者のうち一定の資格を有する者，又は特定の検査業者に検査を行わせなければならない（「安衛法」第45条，「安衛令」第15条）。

(1)　動力により駆動されるプレス機械

(2)　フォークリフト

(3)　ブルドーザー等の建設機械で，動力を用い，かつ，不特定の場所に自走することができるもの

(4)　不整地運搬車

(5)　作業床の高さが 2 m 以上の高所作業車

1.3　本質安全化

　職場では，納期を遵守させるための管理的立場であったり，現場の作業者であったりと，それぞれの立場で生産活動が行われる。

　両者に言えることは，人間はミスを犯すものであるということである。管理する側では，生産能力を把握しきれず，期限まで間に合わせることができるか否かの判断ミスから，作業者側に対して過度な重圧をかけてしまったり，作業者側は，納期日を遵守しなければならない重圧から平常心が欠落してミスをしてしまったり，いくつかの要因が重なることで安全に関する意識が薄れ，災害が発生してしまうことも少なくない。製造に携わる人間が，常に平常心で製品製造ができればよいが，うまく行かない場合が多い。

　このような場合において，機械・設備が，人間の不安全な行動や誤った行動を補うように働き，災害を未然に防ぐことができれば，作業者は集中して製造活動が行えるため，理想的である。

　さらに，職場の環境については次項で述べるが，採光や温熱条件，騒音，有害ガス，臭気，粉じんなどストレスの原因や，人体に直接影響を及ぼすことのない作業環境を整える必要がある。整える側の立場と，これらの異常に対し提案する側の立場の両者が，機械・設備，環境の安全化について計画を立て，確実に実行し，結果について評価し，さらに計画を立て直すサイクルを繰り返して，推進することが重要である。

1.4　環境の安全衛生化と整備

　作業環境の安全を確保することは，機械・設備の安全化とともに，職場の安全性を高めるために欠くことのできない事項である。また，さらに進んで人間性の回復の見地からも快適な作業環境の形成に努める必要がある。

　整理・整頓が安全の基本だといわれるのは，単につまずいたり，物に当たったりする危険な状態を取り除くばかりでなく，整備された環境は，そこで働く作業者の行動や安全に対する考え方にまで好ましい影響を与え，作業能率の向上にも直接つながるためである。整理・整頓を徹底させるためには，全作業者に習慣として身に付けさせ，日常の作業の過程で実行するようにならなければならない。そのためには，安全点検と同様に制度として計画的に行う必要がある。

　また，作業場内の採光，照明，温度，湿度等が不適正であると，往々にして災害の原因となるばかりではなく，心理的な面で作業者の労働意欲に関係し，物の識別，疲労等の面から安全や健康管理に大きく関わってくる。したがって，作業環境については，単に劣悪だから改善に努めるというだけではなく，積極的によりよい状態をつくり出す努力が大切である。特に有害なガス，蒸気，粉じん等が発生するおそれがある作業場では，より一層，改善する努力が必要である。

　さらに，落ち着いた色彩で，作業場の壁や天井，それに機械・設備の色彩調節を行うことは，作業者に快適な感じを与えることになり，整理・整頓と並んで効果がある。

第2節　安全点検

　安全点検を実施しても，その実効を上げることは必ずしも容易ではない。特に近年は生産技術の進歩に伴い，機械設備は大型化，高速化，複雑化し，その潜在的危険性は非常に増大している。したがって，安全点検もこのような危険性の質的，量的変化に即応した実効のあるものとしなければならない。

　そのためには，各事業場ごとに，安全点検を制度として実施することが必要となるが，これはあくまで安全管理者や衛生管理者，又は専門技術者など特定の者だけに任せることなく，生産ラインの各級監督者が責任を分担し，協力して実施することが大切である。

2.1　安全点検の方法

　機械設備や工具類，保護具類は，摩耗や劣化によって故障したり異常が発生したりする。故障や異常をいち早く発見するために欠くことができないのが，安全点検である。

　安全点検には，作業を開始する前の点検，定期点検，不定期点検がある。点検すべき点は，機械・設備，工具類，保護具類，作業環境等の物に関するものと，作業者の身なり等に関するものがある。

　なお，点検の実施については，次の事項等に留意する必要がある。

①　職場関係者に安全点検の意義をよく理解させ，協力を求める。

②　すべての機械や設備について点検基準を定め，点検表（チェックリスト）を用いて行う。

③　点検実施者には必要な教育を行う。また，点検者は，職場の粗探しをするような態度や方法を避け，服装や動作等について模範的であること。

　新規に機械・設備を購入する際には，安全確保の上から次の点について点検が必要である。

①　「安衛法」関係の構造規格，その他の基準に適合したものであるか。

②　検査や検定を要するものについては，所要の合格品であるか。

③　外観的・機能的・強度的に安全であるか。

④　保全性及び作業の安全性はよいか。

2.2　安全点検の結果に基づく危険要因の是正

　既存の機械・設備については，労働安全衛生法令で定めている基準を確保することはもとより，さらに進んで，安全化の見地から作業工程及び工法から，レイアウト等に至るまで積極的に改善を図ることが必要である。

　特に，災害の多発する事業場においては，単に個々の機械・設備の改善にとどまらず，事業場全体の観点から機械・設備，作業環境等について総合的な改善を図る必要がある。

　危険要因の是正は，次の点などについて点検が必要である。

①　作業の流れに応じた設備の配置とし，不要な運搬作業を省く。

②　不用不急品を整理し，廃棄する。

③　材料や工具，製品等の置き場所と置き方，積み方，積み上げ高さ等を定める。

④　通路を明確にし，これを有効に保持する。

⑤　作業場内の採光，照明，温度，湿度等が適正であること。

⑥　過去に災害が発生した箇所は，その要因がなくなっているかどうかを確認する。

⑦　一つの設備で発見された不安全状態が，ほかの同種の設備にもないか点検する。

⑧　発見された不安全状態等が発生した原因を調べ，根本的な対策（例えば，レイアウトの変更，作業方式の改善等）を講じる。

⑨　点検の結果，発見された欠陥事項については，是正責任者と是正予定期日を明らかにして速やかに改善し，担当の管理監督者は，その改善状況を必ず確認しておく。

第 **6** 章

安全衛生活動

第1節　安全意識の高揚

　安全衛生の課題に取り組もうとするのであれば，すべての関係者が意識改革を行い，災害を起こさない，起こさせないという強い意志が必要である。その意志のもと，労働者と事業者の双方が互いに協力することによって初めて，本当の意味での安全衛生が達成されるのである。

　多くの事業場においては，それぞれの事業の性質又は事業場の規模等に応じて，安全管理者や衛生管理者を中核とした安全衛生管理機構ができており，組織的な安全衛生管理活動を行っている。規模が大きな工場等では，安全衛生に関する独立したセクションを設けているところもある。

　いずれにしても，これらの管理機構では，使用者の責任及び義務として安全管理や労働衛生管理の実務を実施している。すなわち，職場の状態が法令で定められている基準に適合しているかどうかを点検し，不具合が認められれば直ちに改善，法令で定められている行政官庁への手続きや報告，労働者に対する安全衛生教育の実施及び災害防止のための訓練等を行っている。

　そのほか，発生した災害の調査や統計，安全衛生に関する規定や作業標準等を定めたり，安全週間，労働衛生週間，その他災害防止デー等の実施，ポスターや標語等を掲げて労働者に安全衛生についての関心をもたせたり，協力を呼び掛けたりすることもすべて安全衛生管理機構の仕事として行われるものである。

　労働者の意思を反映する労働者側の代表と使用者側とで構成される安全委員会や衛生委員会（安全衛生委員会）は，安全・衛生に関する労働者の意見や希望を反映させ，労働災害防止に関して労使の協力が実現できるようにするための存在である。

　安全衛生管理のあるべき姿は，労使間の緊密な協力によって，安全でかつ能率的な職場と快適な職場環境を生み出すことにある。労働災害防止は労使共通の場といってもよく，単に法令で定められている「最低基準」を維持することで満足することなく，より高い水準を目指して，その向上を図ることが必要である。個々の労働者としては，前述のように，労働災害防止の意義を十分認識し，日常の作業行動を通して，実際に安全衛生管理機構を活用していくように心がけるべきである。

　職業訓練施設においても安全衛生委員会が設置されており，訓練生はその指導に基づいて安全習慣を身に付けるよう努めなければならない。職場における安全衛生は，自分一人だけでなく，自分の誤った行動，正しくない作業方法によって他人を傷つける場合があることを思えば，職場道徳としても深い関心をもつことが大切である。いやしくも，職場における規定や作業標準を犯すような行動は絶対にこれを慎み，他人がそのような行動をとった場合には，制止するだけの勇気と親切心をもつことにより，職場における安全衛生活動の推進と向上に努めることが重要である。

　職場によっては，往々にして誤った古い職人気質があり，「指1本や2本なくすことをおそれていて，一人前といえるか」などといわれたり，保護具等を着用する行為を侮ったりする傾向が残っている。また，機械の安全装置に対して，あたかも能率を阻害しているように錯覚し，これをわざと取り外して使用するような悪い癖を見受けることがある。このような間違った考え方や行為は，労働者自らが一致して一日も早く排除しなければならない。

　平素の作業や働く職場の中で，少しでも危険を感じるような異常を発見した場合には，直ちに直属の監督者か，現場の安全衛生担当者に申し出て，指示を受けて措置する。決して無理押ししたり，自身のおぼつかない独断で処理してはならない。不幸にして負傷した場合には，その程度によって，監督者，同僚等にその旨を告げて医療機関に赴く。

　企業においては，安全で快適な職場環境をつくるため，職場全員はもちろん，全職員参加による安全衛生活動が行われている。

1.1　危険予知訓練（KYT）

　危険予知訓練（Kiken Yochi Training）とは，職場や作業の状態の中に潜む危険要因とそれが引き起こす現象を，職場や作業の状況を描いたイラストシートを使って，あるいは現場で実際に作業をさせたり，作業をしてみせたりしながら小グループで話し合い，考え合い，理解し合って，危険のポイントや災害を防ぐための重点実施項目を指で示し，声に出して，指差呼称で確認して行動する小集団活動である。

　中央労働災害防止協会が提唱しているゼロ災運動でも KYT が取り入れられており，職場で行う短時間のチームワークによる問題（危険）解決訓練，つまり危険予知活動のための訓練として行われている。

（1）　KYT4ラウンド法

　これは，KYT の中では最も基本的な手法であり，問題解決に向かう過程を4ラウンドに分けて段階的に進めて行くものである。

　4ラウンドの進め方について，図6－1に示す玉掛け作業を例に説明する。

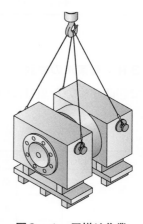

図6－1　玉掛け作業

a　1R：潜んでいる危険要因の拾い出し

イラストや写真を見ながら，危険が潜んでいると思われるポイントについて意見を出し合い，グループで共通認識をもつ（表6−1）。

表6−1　危険要因の拾い出し

No.	危険要因
1	定格荷重の不足したワイヤーを使用し，断裂して落下した荷物の下敷きになる。
2	劣化したワイヤーを使用し，断裂して落下した荷物の下敷きになる。
3	地切りと同時に荷物がバランスを崩して落下し，下敷きになる。
4	地切りと同時に荷物が水平方向に振れ，衝突する。
5	クレーン運転者に対して誤った合図を行い，荷物を作業員にぶつける。

b　2R：危険要因の絞り込み

1Rで複数挙がったポイントから重要なものを抽出し，○印を付ける。さらにその中から，より重要であると思われるものをグループの合意のもとに決定し，赤色で◎印と下線を付ける（表6−2）。

表6−2　危険要因の絞り込み

No.	危険要因
①	定格荷重の不足したワイヤーを使用し，断裂して落下した荷物の下敷きになる。
2	劣化したワイヤーを使用し，断裂して落下した荷物の下敷きになる。
③	地切りと同時に荷物がバランスを崩して落下し，下敷きになる。
④	地切りと同時に荷物が水平方向に振れ，衝突する。
5	クレーン運転者に対して誤った合図を行い，荷物を作業員にぶつける。

c　3R：対策法の検討

2Rで◎印がついた項目について，予防のための具体的な対策案を出し合う（表6−3）。

表6−3　対策法の検討

◎のNo.	※印	具体案
3		荷物の重心確認は複数人で行う。
		地切りするときはクレーンをインチングさせる。
		地切りするときには必要以上に荷物に近づかない。

d　4R：目標の設定

3Rで挙がった対策案をグループ合意のもと絞り込み，赤色で※印と下線を付け，具体的な行動目標とする。目標はグループ全員で指差呼称し，確認する（表6-4）。

表6-4　目標の設定

◎のNo.	※印	具体案
3		荷物の重心確認は複数人で行う。
		地切りするときはクレーンをインチングさせる。
	※	地切りするときには必要以上に荷物に近づかない。

（2）　指差呼称の方法

安全確認の手法として広く用いられているのが，指差呼称である。指差呼称では，発声と指差し動作を組み合わせることによって，意識レベルの向上を図り，高い集中力をもって安全確認を行うことを目的としている。

なお，指差し確認，指差唱呼等，現場によって呼び方は異なる。

指差呼称の手順を以下に示す（図6-2）。

① 安全確認する対象を直視する。

② 右腕を伸ばし，人差し指で対象を差しながら，安全確認事項を大きな声でしっかり発声する。

③ 人差し指を耳元に振り上げながら，改めて確認事項を心の中で自問する。

④ 再び，人差し指で対象を指しながら，「ヨシ！」と大きな声でしっかり発声する。

図6-2　指差呼称

（3）　ツールボックス・ミーティング（TBM）

　ツールボックス・ミーティングとは，ツールボックス，つまり工具箱の付近でリーダーを囲んで開く安全衛生の集まりである。早朝や昼食後の作業開始前に5〜10分程度使って開かれるのが一般的であるが，作業中にトラブルが発生した場合等に開かれる場合もある。

　このミーティングでは，仕事の段取りや方法，発生したトラブルの検討等，身近な問題についてリーダーを中心にみんなで検討し，安全な作業についてお互いに申し合わせ，実行することが重要である。

　ミーティング後は，作業服や保護具の点検等を行ってから，作業を開始する。

（4）　ヒヤリ・ハット報告

　作業現場等において，結果的に重大事故には至らなかったものの，その危険な状況から「ヒヤリ」や「ハッ」とするような事態に直面することがある。

　重大事故は，このヒヤリ・ハットの積み重ねの中から生じてくるため，多くのヒヤリ・ハット事例を報告し，グループの中で共通認識をもつことで，危険に対する感受性を高めていくことができる。

　ヒヤリ・ハットは実際に起きた事例であるため，発生状況の分析や，より具体的な対策が立てやすい。そのため，直接的な事故防止につながることが特徴である。

1．2　安全提案

　職場を最も熟知しているのはそこで働いている労働者である。その労働者の作業を通じた具体的な安全衛生対策に耳を傾けることは極めて有効であり，大切なことである。労働者に安全や労働衛生についての改善提案を求め，この意見をもとにして不安全箇所の改善，安全装置の考案，作業方法の改善を具体的に進めるのが安全提案制度である。

　提案の方法には，班としてまとまって提案するグループ提案，個々がそれぞれ提案する個人提案がある。企業によっては，工夫された提案に対して表彰したり，発表会を開催したりしている。

1．3　安全朝礼

　安全朝礼とは，毎日，あるいは毎週一定の日，作業にかかる前に工場内の広場等に集まり，社長や工場長による安全講話や，安全担当者から仕事上の指示事項等を受けることである。

　安全朝礼では，経営者の安全に対する心構え，工場挙げての安全活動について話されるので，指示を受けたことを守り，工場内の規律を乱さないよう心がけなければならない。

1．4　安全日の設定

　事業場等では，「安全日」を設定することにより，安全衛生意識の高揚を図るという手法も用いられている。安全日は毎月，又は毎年の決まった日に設定され，安全パトロールや安全講話の実施，災害防止に向けた重点実施項目の設定等，安全衛生に関する取り組みが行われるため，安全について考え直す契機となっている。

　関連するものとして，昭和3年に全国的な安全運動として始まった「全国安全週間」（準備月間：毎年6月，本週間：7月1日〜7日）は，長い歴史と伝統をもつ運動であり，令和2年で93回目を迎えた。全国安全週間は，「人命尊重」という基本理念のもと，「産業界における自主的な労働災害防止活動を推進するとともに，広く一般の安全意識の高揚と安全活動の定着を図ること」を目的に実施されている。この取り組みは戦時中も一度も途絶えることなく続き，事業場の安全に対する関心を高めてきたが，これはその時代ごとの情勢を背景に，全国安全週間が果たしてきた役割が極めて大きかったことを示している。

　一方，昭和25年に第1回が開催された「全国労働衛生週間」（準備月間：毎年9月，本週間：10月1日〜7日）は，令和2年で71回目を迎えた。全国労働衛生週間は，国民の労働衛生に関する意識を高揚させ，事業場における自主的労働衛生活動を通じた労働者の健康の保持増進と

快適な職場環境の形成に，大きな役割を果たしてきた。

　昭和35年5月には，安全に対する各界の一致した要望をもとに，閣議了解事項として毎年7月1日が「国民安全の日」と定められた。これにより安全運動を国民運動として展開することとなり，その推進母体として全国安全会議が創設された。これは，産業，交通，火災，学校，海難等の安全運動の連携と，婦人団体など各界が力を合わせて災害防止の運動を実施するものである。

　なお，本来，安全衛生活動は年間を通じて継続的に実施されるべきものである。「安全日」や「全国安全週間」等の特定の時期にだけ災害防止活動を行うということではなく，この時期に過去の活動を検討し，これを契機として，これらの活動の推進を強化していこうとするところに真の意義があることは言うまでもない。

1.5　安全表彰

　災害防止への取り組みは，一度実施すればよいというものではなく，継続的に取り組んでいくことが重要である。その中で，引き続き高い安全意識を持続させるためには，その取り組み姿勢を十分に評価することも必要である。

　各事業場等では，安全衛生に関する表彰制度を導入しているところも多く，安全提案や連続無災害等について，個人やグループ単位での表彰が行われる。

　また，事業場全体が安全衛生の推進向上に努めているとして，厚生労働省や中央労働災害防止協会から表彰を受けることができる制度もある。受賞した事業場は公表されるため，安全意識の高い事業場としてPRされることがメリットになる。

1.6　ポスター，標語等による安全PR

　災害防止の取り組みには様々なものがあるが，ポスター等を使って視覚に訴えかけることも，安全意識の高揚につながる。

　各々の作業現場に応じたものや，全国安全週間を周知するものなど，その状況によって掲示するものを使い分けることで効果が高まる（図6-3，図6-4）。

　また，事業場内で安全標語を公募し，表彰をしたものをポスターにして掲示するなど，従業員が直接参加することができる工夫をすることで，さらに効果が表れる。

図6−3　作業現場のポスターの例
（出所：中央労働災害防止協会）

図6−4　標語ポスターの例
（出所：（図6−3に同じ））

第 **7** 章

作業計画と
安全衛生の取り組み

第1節　作業手順書の作成

労働災害発生の原因は，既に学んだとおり，設備の不安全状態や作業者の不安全行動だけが原因となっている場合もあるが，一般的には，物と人との両方が競合している場合が多い。そして，その要因のいずれかを除けば災害を防止することができるので，災害防止対策は物と人との両面から進めなければならない。

このうち作業者に対しては，作業工程，工法そのものを安全化するとともに，個々の作業方法の安全化を図り，さらに作業手順を作成して作業者に徹底させることによって，不安全行動をなくすことができるのである。

したがって，作業方法の安全化を図ることは，重要な災害防止対策の方法である。

1.1　作業方法の改善

作業方法を改善するためには，現在行われている作業を要素作業（ステップ）ごとに分析し，その中で次のような点を検討する必要がある。

①　危険性がないか

その作業に関して過去に発生した災害事例を数多く集め，これを参考にして現在の作業方法について危険性の有無を検討する。

②　無駄な動作がないか

特に原材料，加工物等の上げ下ろし，運搬，作業者の歩行，昇降等を中心として検討する。

③　危険な状態の無駄な時間がないか

高所作業，機械の危険な箇所付近での作業，電気の活線近接作業，危険物・有害物を取り扱う作業等の危険な作業について検討する。

以上を検討した結果，これらの危険性や無駄を発見し，取り除くことを考えることによって，作業方法が安全・確実・能率的であり，作業者に無理なく，そして進んで守られるような方法に改善する必要がある。

1.2　作業手順の充実整備

前述の方法で，作業方法を決定し，又は改善した場合には，これを作業手順書の形でまとめて関係作業者に周知徹底しなければならない。この標準作業等の徹底は，作業者の災害防止に役立つだけでなく，作業から無駄を省き，合理的で能率的な作業とすることができる。

作業手順を定めるには，まず，その作業を各ステップに分解しなければならない。分解した

ステップについて，安全に速く，かつ疲労が少なく，楽に作業を行うためにはどのようなステップで行えばよいかを考えて，不要なステップを除く。また，残りのステップについて，次の事項に留意して検討する。

① 動作の数は，できるだけ少なくする。

② 動作の順序を正しくする。

③ 動作から動作にリズムをもたせ，速度を適正にする。

④ 身体に緊張が偏在しないような姿勢で作業が行えるようにする。

⑤ 手足は，有効範囲内で動かすようにする。

⑥ 作業台や腰掛けの高さを適正にする。

⑦ 原材料，加工物等を動かすときなどは，できるだけ重力を利用する。

　次に，各ステップを動作の順番に並べ，各ステップの急所を併記して，1作業ごとに1枚のシートにまとめる。この場合，できるだけやさしい表現とし，また簡単にする。作業内容が複雑な場合には，説明図を入れるようにする。

　この作業手順案は，一般に，現場監督者（職長級の人）によって作成され，上司又は作業手順作成委員会に提出し，その検討を経て作業手順となる。

　作業手順を作成する過程で大切なことは，関係作業者の意見を十分聴取することである。そのため，ツールボックス・ミーティングを利用するのもよい方法である。

　なお，作業手順を作成する段階で現場関係者が参加することで，「現場作業者，自らが作ったものである」という自覚を促すので，現場における励行においても効果が上がる。

1.3　安全（作業）心得の徹底と整備

　作業手順の作成には，前述のように作業分析等の作業が必要であり，中小企業では，かなりの期間を要するものと考えられる。そこで，作業手順にまとめるのが困難な場合には，「これだけは守らなければならない」と思われる安全のポイントだけでも整理し，安全心得の形で関係作業者に徹底すべきである。そして，その事業場で災害防止上，重要な作業から順次作業手順を定めていくことが望ましい。

　なお，最近のように技術の進歩の激しい時代では，設備の改善や生産方式の変更が行われるなど作業の内容がしばしば変更されるので，その都度，作業手順や安全心得を見直し，必要な修正を加えて作業の実態に即応するものにしておかなければならない。さらに，発生した災害の調査結果，現場における不安全行動の分析結果等を基礎にして，定期的に作業手順や安全心得を見直し，改善を図る必要もある。

第2節　作業開始前点検

　第6章でも述べたとおり，安全朝礼やツールボックス・ミーティング，危険予知活動のための訓練（KYT）等を実行することは非常に重要である。

　労働者が交代で安全に対する役割，例えば安全日直，安全週番等になり，安全パトロールを実施したり，ミーティングのリーダーになったり，安全点検を行ったりする制度である。安全当番になった者は，単に職場の粗探しに終始することなく，自分自身は絶対に被災しない，他人にも災害に遭わせないという心構えで任務を遂行することが大切である。

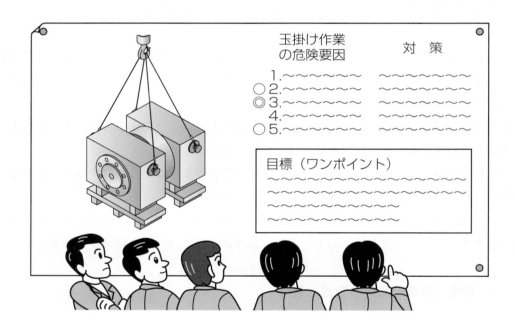

第3節　5Sの取り組み

　「安全はまず整理・整頓から」といわれるほど，整理・整頓は災害を防止する上で大切なことである。通路に物が置いてあったり，物の積み方が悪くて崩れたり，材料や工具が散乱していたために，それを取ろうとして無理な姿勢になったことで起こる災害は極めて多い。

　また，作業場の清掃を行い作業環境が清潔であれば，気持ちよく作業ができるばかりでなく，通路や作業場で物によるつまずきや，転倒災害を防止することができる。整理・整頓され，清掃された清潔な職場では作業の能率が上がり，災害を防ぐ上でも最大の効果がある。

　整理・整頓，清潔，清掃は，1人の人や特定の係の人が行っても効果はない。また，きれい

に物を並べたり，片づけたりすることだけが整理・整頓ではない。職場のみんなで考え，作業の状態に応じて効率よく作業ができるよう，すべての物の正しい置き方と置き場所を決め，常に習慣づけて整理・整頓をする必要がある。

　人間は大変横着なものである。たとえみんなで決めていても，工具等を「少しの間だから…」とその辺に置きっぱなしにすることで，結果的にそれが原因で災害がしばしば発生している。それだけに，決めたことをしっかり守る「しつけ」が大切になる。5Sを取り組む場合には，次のことに留意する。

① 決められた基準，規定を確実に守り実行する。

② 定められた場所，置くべき場所に物を置く。

③ 正しい置き方，安全な積み方をする。

④ 通路には物を置かない。運搬のために一時的に置く場合でも，できるだけ早く片づける。

⑤ 通路は十分な幅を確保し，屋内の主要な場所には白線や黄線等で歩道を表示する。

⑥ 材料屑や廃品は，その種類ごとに回収箱を設けて整理する。これらはリサイクルにもつながるため，確実に実行することが大切である。

⑦ 作業床や通路は常に清潔に保つとともに，自分の作業場所は自分で整理・整頓する。

⑧ 更衣室，手洗所など共通の場所は汚さないようにする。

⑨ 消火器や非常口の付近には，物を置かない。

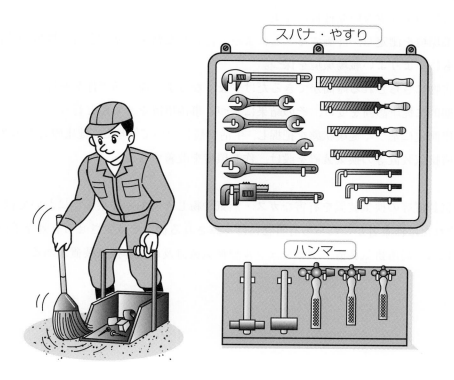

第4節　疾病の原因と予防

　最近の労働者の健康管理に関する問題は，幅広く複雑で，かつ多様化している。

　職場環境においては，その使用する原材料，機械設備，作業内容の変化，労働者の高年齢化など大きく変化している。これらの要因に加えて，今や職業性疾病対策は社会的に軽視できない問題となってきている。

　職業性疾病には，毒劇物による障害，有害ガスや蒸気による中毒，騒音による騒音性難聴，振動工具による振動障害，アーク溶接による電光性眼炎，アーク溶接や鉱物性粉じんによるじん肺，有害物にばく露されることによる中毒やがん，そのほか重量物運搬による腰痛等がある。いずれも上記の有害な業務に従事することにより被災するもので，それに従事する人は誰でも被災する可能性があり，また被災することがあらかじめ予測されているものである。

　これらの職業性疾病は，急性のものを除き，その大部分は長期にわたって有害物や有害環境にばく露されることによって発症するため，その発症と原因との因果関係が当事者によく理解されていない。それだけに，これらの病気に対する恐ろしさが理解してもらえず，対策が遅れることがよく見受けられる。

　職業性疾病の防止対策としては次のような事項があり，それぞれの有害物に応じた対策を立てる必要がある。

　① 　有害性のより少ない原材料に変更する。
　② 　作業環境を測定し，評価することによって得られた結果に基づき有害環境の改善を行うとともに，よりよい職場環境を保つ。
　③ 　有害物にさらされる時間ができるだけ少なくなるような手順で作業を行う。
　④ 　定期的に健康診断を受け，その結果に基づく事後措置をきちんと行う。
　⑤ 　健康測定に基づく健康状態を把握し，生活全般について管理し，健康障害を未然に防ぐ。
　⑥ 　局所排気装置等の換気装置を設け，作業環境を改善する。

　局所排気装置等の換気装置を有害なガス・蒸気や粉じんのある作業環境において稼働させることは，それだけ作業者がこれらの有害物にばく露される機会を減少させる有効な手段である。換気装置には，局所排気装置，プッシュプル型換気装置及び全体換気装置がある。

第5節　応急措置

　労働災害発生の急迫した危険があり，かつ，緊急の必要があるときは，必要な限度において，事業者に対して以下を命じることができる。

- ・　作業の全部又は一部の一時停止
- ・　建設物等の全部又は一部の使用の一時停止
- ・　そのほか，当該労働災害を防止するために必要な応急の措置を講じること

第6節　退　　　避

　火災，爆発，有害物質の大量漏えいのように一時に多数の死傷者を出したり，周囲に重大な影響を及ぼす災害は，その発生の予防に万全を期さなければならないのは当然である。

　しかし，万が一災害が発生した場合は，被害をできるだけ少なくするため，まず第一に，消防担当者や電気，動力の管理者等関係者に速やかに通報し，必要な応急処置を行って災害の増大を食い止め，また被害が及ぶと思われる付近の作業者等に通報し，緊急退避させる必要がある。さらに，災害の状況に応じて，消防署等事業場外の関係機関，工場付近の一般住民にも通報しなければならない。

　災害が大きくならないよう，広がりを押さえ，発生原因を除去して，終息させるためには，一般には，例えば火災の場合，消火作業を行ったり延焼防止の措置をとったり，爆発の場合に誘爆を防止するため他の危険物を除去したり，また有害物の漏えい箇所を塞ぐ等の方法を行う。災害現場に居合わせた者が通報とともに，できるだけの応急処置を行うことは必要であるが，専門家でなければ手が付けられない場合も多く，一般の者が取り得る防止措置には限度がある。自己の危険を忘れて作業を続けて被災することがないよう，状況を判断して早急に退避することも忘れてはならない。

●●●●●●●●●●●第 **8** 章

安全衛生教育と
就業制限

第1節　安全教育の種類，計画と実施

　機械・設備等の安全化を進め，危険・有害環境を改善し，さらに作業方法の適正化を図ることが労働災害防止の基本的な在り方であるが，現状では，なお作業者の知識・技能に依存して災害要因の排除を図らなければならない分野も少なくない。このため，各事業場においては，計画的な安全・衛生教育を徹底して実施することが強く期待されている。

　安全や衛生についての教育・訓練は，思い付きや場当たり的にやっても効果を上げることはできない。すなわち，安全・衛生教育について総合的な年次計画を立てて，教育対象に応じて教育内容を定め，それに見合う講師・教材を準備する等の体制を整えた上で，実施に移るべきである。

　このようなことを考慮して，「安衛法」では新規雇入れ時の教育や職長等の教育について規定し，その教育内容を「安衛則」等において定めている。その対象としては，次に示す者が定められている。

① 　新規採用者（臨時作業者・季節作業者等を含む）
② 　作業内容に変更があった者
③ 　危険又は有害業務作業者
④ 　職長その他の現場監督者
⑤ 　安全衛生業務従事者　　　など

第2節　就業制限及び禁止等の業務

　労働災害を防止するため管理を必要とする作業については，免許所持者又は技能講習修了者が作業主任者として選任されることになっている。さらに，労働災害の防止及び労働者の健康管理上，高度の技能を有する一定の業務については，都道府県労働局長の免許を受けた者，又は都道府県労働局長若しくは，都道府県労働局長の指定する者が行う技能講習を修了した者でなければ就業することができない。

　その対象となっている業務は，次に示すとおりである（「安衛法」第61条，「安衛令」第20条，「安衛則」第41条）。

※〔　〕内は必要な資格を示す。

① 　発破の場合におけるせん孔，装てん，結線，点火並びに不発の装薬又は残薬の点検及び処理の業務〔発破技師免許〕
② 　制限荷重が5 t以上の揚貨装置の運転の業務〔揚貨装置運転士免許〕

③　ボイラーの取り扱いの業務〔特級，一級，二級のボイラー技士免許又はボイラー取扱技能講習修了者〕

④　ボイラー又は第一種圧力容器の溶接の業務〔特別又は普通ボイラー溶接士免許〕

⑤　ボイラー又は第一種圧力容器の整備の業務〔ボイラー整備士免許〕

⑥　つり上げ荷重が5t以上のクレーンの運転の業務〔クレーン・デリック運転士免許及び床上操作式クレーン運転技能講習修了者〕

⑦　つり上げ荷重が1t以上の移動式クレーンの運転の業務〔移動式クレーン運転士免許及び小型移動式クレーン運転技能講習修了者〕

⑧　つり上げ荷重が5t以上のデリックの運転の業務〔クレーン・デリック運転士免許〕

⑨　潜水器を用い，かつ空気圧縮機若しくは手押しポンプによる送気又はボンベからの給気を受けて，水中において行う業務〔潜水士免許〕

⑩　可燃性ガス及び酸素を用いて行う金属の溶接，溶断又は加熱の業務〔ガス溶接作業主任者免許，ガス溶接技能講習修了者等〕

⑪　最大荷重が1t以上のフォークリフトの運転の業務〔フォークリフト運転技能講習修了者又は職業能力開発促進法に基づいて行われる港湾荷役科の訓練修了者であってフォークリフトについて訓練を受けた者〕

⑫　ブルドーザー，パワーショベル等の整地・運搬・積み込み用，掘削用，基礎工事用及び解体用建設機械（機体重量が3t以上のもの）で，動力を用い，かつ不特定の場所に自走することができるものの運転の業務〔車両系建設機械技能講習修了者，建設業法施行令に規定する建設機械施工技術検定合格者又は職業能力開発促進法に基づいて行われる建設機械整備科若しくは建設機械運転科の訓練修了者〕

⑬　最大荷重が1t以上のショベルローダー又はフォークローダーの運転の業務〔ショベルローダー運転技能講習修了者又は職業能力開発促進法に基づいて行われる港湾荷役科の訓練修了者であってショベルローダー等について訓練を受けた者〕

⑭　最大積載量が1t以上の不整地運搬車の運転の業務〔不整地運搬車運転技能講習修了者，建設業法施行令に規定する建設機械施工技術検定合格者又は職業能力開発促進法に基づいて行われる建設機械整備科若しくは建設機械運転科の訓練修了者〕

⑮　作業床の高さが10m以上の高所作業車の運転の業務〔高所作業車運転技能講習修了者〕

⑯　制限荷重が1t以上の揚貨装置又はつり上げ荷重が1t以上のクレーン，移動式クレーン若しくはデリックの玉掛けの業務〔玉掛け技能講習修了者，若しくは職業能力開発促進法に基づいて行われるとび科の訓練修了者，クレーン運転科若しくは港湾荷役科の訓練修了者であって揚貨装置，クレーン，移動式クレーン又はデリックについて訓練を受けた者〕

なお，これらのほかに病者の就業禁止，女性及び年少者の就業制限等が規制されている。

第 **9** 章

安 全 基 準

　労働者の就業する作業場，操作する機械器具，その他の設備，取り扱う原材料等については，安全衛生に関する十分な配慮がなされていないと関係労働者の生命，身体が危険又は有害な状態にさらされることとなる。このため「安衛法」では，労働者の危害防止と健康管理上の必要な事項を関係規則とともに規制し，事業者及び労働者に対してその遵守を義務づけている。

　これらのうち「安衛則」では，特に機械等の設置や管理，作業方法等について，次のような項目別に安全基準の内容を具体的に定めている（「安衛法」第20条，「安衛則」第2編）。

　本章では，これらの義務を遵守できるよう安全基準の種類等について理解し，各作業における具体的な安全対策について知識を深めることを目標とする。

（1）　機械による危険の防止
　　①　一般基準
　　②　工作機械
　　③　木材加工用機械
　　④　食品加工用機械
　　⑤　プレス機械及びシャー
　　⑥　遠心機械
　　⑦　粉砕機及び混合機
　　⑧　ロール機等
　　⑨　高速回転体
　　⑩　産業用ロボット
（2）　荷役運搬機械等
　　①　車両系荷役運搬機械等
　　②　コンベヤ
（3）　木材伐出機械等
　　①　車両系木材伐出機械
　　②　機械集材装置及び運材索道
　　③　簡易架線集材装置
（4）　建設機械等
　　①　車両系建設機械等
　　②　くい打機，くい抜機及びボーリングマシン
　　③　高所作業車
　　④　軌道装置及び手押し車両
（5）　型枠支保工
　　①　材料等
　　②　組立て等の場合の措置

（6） 爆発，火災等の防止

    ① 溶融高熱物等による爆発，火災等の防止

    ② 危険物等の取り扱い等

    ③ 化学設備等

    ④ 火気等の管理

    ⑤ 乾燥設備

    ⑥ アセチレン溶接装置及びガス集合溶接装置

    ⑦ 発破の作業

    ⑧ コンクリート破砕器作業

    ⑨ 雑則

（7） 電気による危険の防止

    ① 電気機械器具

    ② 配線及び移動電線

    ③ 停電作業

    ④ 活線作業及び活線接近作業

    ⑤ 管理

    ⑥ 雑則

（8） 掘削作業等における危険の防止

    ① 明り掘削の作業

    ② ずい道等の建設の作業等

    ③ 採石作業

（9） 荷役作業等における危険の防止

    ① 貨物取扱作業等

    ② 港湾荷役作業

（10） 伐木作業等における危険の防止

    ① 伐木，造材等

    ② 木馬運材及び雪そり運材

    ③ 機械集材装置及び運材索道

（11） 建築物等の鉄骨の組立て等の作業における危険の防止

（12） 鋼橋架設等の作業における危険の防止

（13） 木造建築物の組立て等の作業における危険の防止

（14） コンクリート造の工作物の解体等の作業における危険の防止

（15） コンクリート橋架設等の作業における危険の防止

（16） 墜落，飛来破壊等による危害の防止

    ① 墜落時による危険の防止

    ② 飛来崩壊災害による危険の防止

(17)　通路, 足場等

    ① 通路等

    ② 足場

(18)　作 業 構 台

第1節　機　　　械

　手動の機械器具や物の取り扱い, 運搬等の人力作業を中心とする災害の割合は減少しつつあるが, 荷役機械や建設機械, その他の動力機械による災害の割合が多くなったことは前述（第2章）のとおりである。

　機械災害における起因物を種類別にみると, プレス機械, 工作機械等の「一般動力機械」によるものが最も多く, 次いで「動力運搬機」, 「木材加工用機械」等となっているが, 近年は「食品機械」による災害の割合も増加している。事故の型としては, 「はさまれ・巻き込まれ」, 「切れ・こすれ」等の災害が依然として多発している。

　機械による災害の特徴は, その傷害程度が大きいことである。しかしながら, 機械の危険箇所の大部分は, 事前に予測が可能なので, あらかじめ必要な防護措置をしておくことによって災害を防ぐことができる。

　厚生労働省では, 機械による労働災害の一層の防止を図るため, 『機械の包括的な安全基準に関する指針』により, 機械の設計・製造段階における安全化を促進するとともに, 「安衛則」第24条の13及び「機械譲渡者等が行う機械に関する危険性等をその機械の譲渡又は貸与を受ける相手方事業者に通知すること」を努力義務化している。

　さらに, 実際に事業場で発生した機械による災害に関する情報は, 機械の製造者が製品を改善することに役立つ。そのため, 製造者が使用者に対して機械の災害情報の提供を求めることが望ましく, 『機械ユーザーから機械メーカー等への災害情報等の提供の促進要領』が定められている。

　このほか, 製造業における施設や設備, 機械等に起因する死亡災害の撲滅を目指して, 推進されている対策は次のとおりである。

①　危険性の高い機械等を製造するときのリスクアセスメントを確実に実施するための方策を検討する。残留リスク等の情報を使用者に確実に提供する方策を検討する。

②　信頼性の高い自動制御装置で機械等を監視・制御する場合などに, 柵等を設置する等, 危険防止措置や点検, 監視, 有資格者の配置等の特例を検討する。

③　主要な製造業の業界団体によって構成される製造業安全対策官民協議会が検討した安全対策の周知を図り，事業場が自主的に安全確保を促進する。

④　高経年施設・設備に対する点検・整備等の基準を検討する。

⑤　安全投資を促進するインセンティブを高めるための方策について検討する。

⑥　災害が多発している食料品製造業は，関係省庁と連携しつつ，職長に対する教育の実施等を推進する。

⑦　建設業における職長の再教育を製造業でも実施できるように，カリキュラム等の策定を検討する。

1.1　一般基準

（1）　一般基準

機械の災害は，機械の回転・往復運動，動力伝動機構によるものなどがある。その防止対策は，作業点（直接加工等の仕事をする部分）の安全化，動力伝導機構の防護の二つに尽きる。

機械による危険の防止について，一般基準を次に示す。

①　原動機，回転軸等による危険の防止

②　ベルトの切断による危険の防止

③　動力遮断装置

④　運転開始の合図

⑤　加工物の飛来による危険の防止

⑥　切削屑の飛来等による危険の防止

⑦　掃除等の場合の運転停止等

⑧　刃部のそうじ等の場合の運転停止

⑨　ストローク端の覆い等

⑩　巻取りロール等の危険の防止

⑪　作業帽等の着用

⑫　手袋の使用禁止

a　原動機，回転軸等

品物を加工する機械は，それ自身では運転することができないので，この機械を動かすための動力をほかからもってこなければならない。風力，水力，熱，電気等を原動機によって動力に変換し，原動機から動力を目的の機械に伝えるものを動力伝導装置という。これらは機械を動かすために不可欠なものであるが，原動機や動力伝導装置によって災害，特に身体に傷害が残る災害が多く発生している。

そのため，原動機を直接個々の機械に単独で取り付けられればよいが，動力経済や作業能率

の面からなかなか難しく，また個々の機械に原動機を取り付けたとしても，回転の制御や方向等から動力伝導装置をなくすことはできないといった問題がある。

　動力伝導装置には，シャフト（車軸）やカップリング（車軸継手），プーリ（調車），フライホイール（はずみ車），ギヤ（歯車），ベルト（調帯）等があり，いずれも危険要因をはらんでいるものばかりである。原動機や動力伝導装置では，回転しているシャフト，カップリング，キー，歯車，ベルト，プーリ等に作業衣や身体の一部が触れると，これに巻き込まれて身体に傷害が残る災害を受けたり，場合によっては死に至ることもある。

　したがって，上記のような災害の発生が予想される箇所には，対策を講じなければならない。具体的には，危険部分に覆いを掛ける，ベルトの継ぎ目は飛び出ていない留め具にする，回転軸，ギヤ，プーリ，フライホイール，カップリング等の止めボルトを埋頭型にする，また，回転部分に近づけないように囲いをしたり，踏切橋を設ける等である（図9－1，図9－2）。

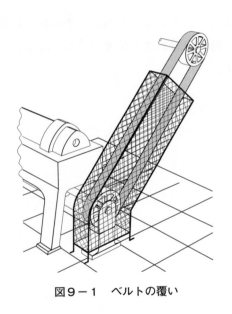

図9－1　ベルトの覆い

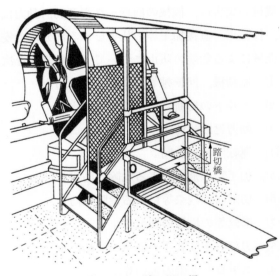

図9－2　踏　切　橋

ｂ　ベ　ル　ト

　二つの離れた軸間で動力の伝達には，ベルトやチェーンを使用するが，二軸間の距離が離れているため，これらに巻き込まれるなどのおそれが高まる。

　軸と軸とを軸方向に直接的に締結する場合には軸継手を使い，二つの軸が平行，交差又は食違い軸の場合には歯車が使われることがある。これらの機械要素は，二軸間の距離が離れておらず，囲いや覆いが設けやすい。

　一方，ベルトやチェーン，又は軸が運動することで，作業着や身体の一部が巻き込まれたり，傷害が残る災害を受けたりしないよう，危険な部分には覆いを掛ける。離れた二軸の伝達では

ズボンの裾を
留める

ねじ頭を
埋め込む

カバーを
する

囲いや覆いも大きくなりやすい。

　なお，交換作業等を行う際には，ベルトやチェーンの運動方向や張りや緩みについての知識も備えておくとよい。ベルトには，柔軟で密着性がよい平ベルト，断面形状が40°の台形で，V溝の両面に密着させて摩擦力を向上させたVベルト，ベルトの内側に歯形をもつ歯付ベルト等がある。また，ベルトの掛け方によって，原動車と従動車の回転方向が変わることも理解しておく必要がある（図9－3）。

　ベルトに関する一般的な安全対策は，次のとおりである。

① 　ベルトの掛外しは，機械を止めて行う。

② 　ベルトの継手は常に点検し，突起物がないようにする。

③ 　ベルトの回転を止めるときは手で握らない。

④ 　通路や作業箇所の上にあるベルトで，プーリ間の距離が3m以上，幅が15cm以上，速度が10m／s以上のものには，その下方にベルトが切断した場合，飛び出さない程度の大きさで，かつ，丈夫な構造の受け囲いを設けること（図9－4）。

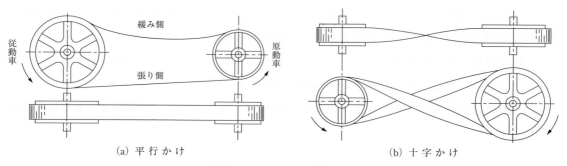

緩み側

従動車

原動車

張り側

（a）平行かけ

（b）十字かけ

図9－3　ベルトの掛け方

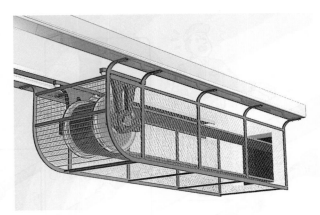

図9－4　ベルトの脱落を防ぐための囲い

c　動力遮断装置

　機械には，非常の際に機械の運転を停止できるよう，動力遮断装置を設ける必要がある。動力遮断装置は，機械全体を停止するものでスイッチやクラッチ，ベルトシフター等がある。

　これらは容易に操作ができ，かつ，接触や振動等によって不意に機械が起動するおそれがないものでなければならない（ただし，連続した一団の機械で，共通の動力遮断器を有し，かつ，工程の途中で人力による原材料の供給，取り出し等の必要がないものは，それぞれの機械ごとに設ける必要はない）。

　機械が切断や引抜き，圧縮，打抜き，曲げ，又は絞りの加工をする場合，動力遮断装置は，作業者がその作業位置を離れることなく操作できる位置に設け，万が一に備える必要がある。

　動力遮断装置に関する一般的な安全対策は，次のとおりである。

① 動力遮断装置のスイッチは，作業者がその作業位置を離れなくても操作できる位置に設ける。

② スイッチ等は容易に操作でき，かつ，接触や振動等により不意に機械が起動するおそれのないものとする。例えば，押しボタンが突出していないように埋込みにする，又は押しボタンの周囲に保護リングを取り付けるなどである（図9－5）。

　さらに，押しボタンの取付け位置は，通行時や操作以外の動作等で接触しないように，通路に面しない位置，肩の高さより上方の位置等を選定する必要もある。

③ 危険区域の囲いや扉等は，インターロック機能により，作業者に危険を与えないものとし，これらの機能に異常がないかの点検を怠らない。

④ 光線式安全装置は，手や指を入れる隙間がないように設置し，危険部分を十分に覆う高さとする。

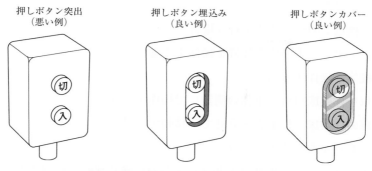

図9－5　押しボタンスイッチの外観

（2）　運転開始の合図

　作業や機械の種類によって，複数名で作業をすることがある。この場合に気を付けるべきことは，ほかの作業者が次に何をするかを常に理解し，その作業者にも自分の行動を理解してもらうなどのコミュニケーションが重要ということである。

　例えば，総合運動方式で原動機にスイッチを入れるときや，連続した一団の機械で共通のスイッチを入れるときなど，機械の運動を開始する際に危険を及ぼすおそれのあるときには，一定の合図を定め，合図者を指名して関係作業者に合図させることが必要である。

　機械を含む合図が必要な作業には，次のようなものがある。

①　機械（工作機械等）の運転を開始する場合

②　車両系荷役運搬作業を行う場合

③　車両系建設機械の運転で，開口部付近や路肩など転落や転倒のおそれがある場所で，誘

　導者を配置する場合

④　車両系建設機械でのつり作業を行う場合

⑤　コンクリートポンプ車の作業装置を操作する場合

⑥　くい打ち機等を操作する場合

⑦　高所作業車を作業床以外（車体の側等）で操作する場合

⑧　高所作業車の作業床に作業者を乗せて，移動する場合

⑨　軌道装置（レールを走るトロッコ等）

⑩　クレーン等の作業を行う場合（天井クレーンの点検時運転，移動式クレーン，デリック等も含む）

⑪　建設用リフトの運転をする場合（簡易リフト，ゴンドラも含む）

⑫　発破を行う場合（導火線点火，電気発破，コンクリート破砕器含む）

⑬　コンクリート造の工作物を解体する場合

これらの作業では，複数の作業者となるため，コミュニケーションが必要であり，次にどのような作業が行われるかを理解し，安全作業に努めることが大切である。

（3）　加工物等の飛来

機械は多種多様であるが，これに使用される工具等も数多く存在する。工具にはそれぞれ特徴があり，横荷重に強いもの・縦荷重に強いもの，速度重視のもの・精度重視のもの等，様々である。

工具が加工物に与える力の大きさや，加工物が工具に与える力の大きさを考慮して作業を進める必要があるが，誤った条件で作業をしてしまうこともある。この場合，加工物が飛来若しくは欠損し，又は使用している工具等が欠損，若しくは折損して飛来することで，その破片によって災害が発生することも考えられる。

災害に遭わないように，覆いを設けるなど飛散防止の対策を講じることが必要であるが，加工物を人力で保持しなければ作業ができない鍛造機械等，作業上，覆いを設けることが困難な場合もある。この場合は必ず保護具を使用し，加工物や工具等の飛来から身を守ることが大切である。

【例1】　旋盤で作業中，加工物のクランプが緩く，切削力に耐えきれず加工物が飛来。作業者の身体に接触した。

《原因と対策》

①　クランプ力に対し，過度にならぬ切削力で加工する。

②　加工物のゆがみ等を考慮し，やむを得ず弱力でのクランプとなる場合には切削抵抗の少ない工具選定をする。

③　クランプに必要な治具等を製作し飛来を防ぐ。切削荷重の向きを考慮した作業位置で作

　　業し，万一，工具や加工物が飛来しても被災しにくい位置で作業する。

【例2】　ボール盤作業中，加工物が飛び出して作業者に激突した。

《原因と対策》

①　切削荷重に対して加工物の固定が不十分であった。

②　万一に備え，切削荷重の方向を考慮し，被災しにくい作業位置で作業する。

（4）　切削屑の飛来

　切削屑による災害も少なくないため，切削屑の処理を安易に考えてはならない。使用する工具や，加工の種類によって，排出される切削屑は，細かいものや長いもの，鋭利なもの，熱いものなど様々である。

　切削屑が排出される方向は予測できるものが多く，作業する位置等で回避できる場合もあるが，加工の種類によっては回避できない場合もある。切削屑が飛びやすい作業（研削作業で発生する研削粉じんも含む）では，機械にカバーや遮へい板，切粉処理装置等を設ける。作業上，覆いを設けることが困難な場合は，必ず保護具を使用する。

　切削屑による災害防止について，以下のような点に注意を払う必要がある。

①　分離してすぐの切削屑は高温のため，素手で触れないようにする。また，周囲に引火性の高い物は置かない。

②　切削屑は刃物のように鋭利なものもあるため，手で触れないようにし，炉ほうき等の道具を使用して処理を行う。

③　延性の高い加工物は，長く連なった切削屑が排出されやすい。長く絡まりやすい切削屑

が足元等にあると災害が発生しやすいため，こまめに処理を行う。可能な限り短い切削屑となるよう心がける。

④　床に散乱した切削屑を放置しておくと，歩行の度に安全靴裏に刺さり，つまづきの原因や，床の状態次第ではゴムでグリップできないため滑りの原因にもなる。散乱した切削屑はこまめに掃除する。

⑤　細かな切削屑が飛散した場合は，飛散する切削屑の方向も見えにくく，回避することが困難となる。目に入りやすい作業（グラインダ作業等）では，カバー等を設け，事前の対策を講じ，さらに保護眼鏡を着用する。

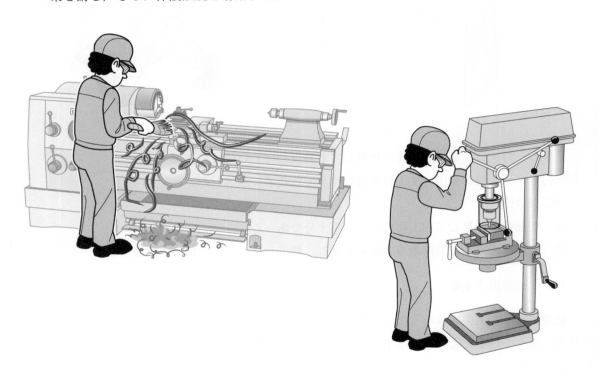

（5）　掃除等の場合の運転停止

機械を使用する作業において，加工のために必要な補助的作業が多くある。例えば，機械の修理作業や原因を突き止めるための検査作業，原材料の除去作業等があり，生産工程で起こるこのような様々な不具合を解消し，作業を進めなければならない。

機械（刃部を除く）の掃除，給油，検査，修理又は調整の作業を行う場合には，機械の運転を停止する。やむを得ず，機械の運転中に作業を行わなければならない場合は，危険な箇所に覆いを設けるなどの措置を講じる。

機械の運転を停止したときは，ほかの作業者が機械を運転することを防止するため，機械の起動装置に施錠をするか，起動装置に表示板を取り付けておく。

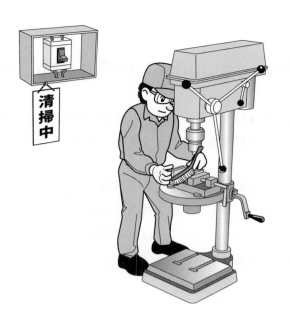

（6）　刃部掃除等の場合の運転停止

　加工に必要な工具は，条件により様々な現象が発生する。切れ味が良いとき，悪いときの現象や，油類の使用，不使用などからも異なる。細かな切削屑が発生したり，長く連なる切削屑が発生したりと様々である。

　機械の刃部の掃除，検査，取替え，調整の作業を行う場合には，機械の運転を停止する。また，前述同様に，他の作業者が機械を運転することを防止するため，機械の起動装置には施錠をするか，起動装置に表示板を取り付けておく。やむを得ず運転中に機械の刃部の切粉払いや切削剤を使用する場合には，ブラシ，かき棒，はけ等の用具を用いる。

（7）　巻き取りロール等

　紙や布などを通すロール機は，危険な部分にはガイドロール，じゃま板，急停止装置などを設ける必要がある。

　安全装置の例として，かみ込み点には手は入らないが，材料だけが入るような固定カバーを設けたものがある。このほかにロール機全体をカバーで覆い，カバーを開けると電源が切れるインターロック式のものもある。

　図9-6は，ガイドロールによる安全装置の例である。一端を自由に支持されたアームの先にガイドロールが取り付けられており，ロールのかみ込み点に置かれている。材料が送給される時に手がロール面に近づくと，ガイドロールが上又は下に移動してロールと接触するが，回転方向が逆になるため，手が排出される仕組みである。

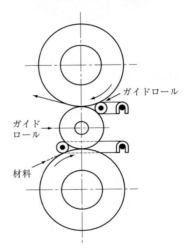

図9-6　ロール機のガイドロール
(出所：中央労働災害防止協会「チェックリストを活かした職場巡視の進め方」)

（8）　作業帽等の着用

　人は，服装によってその時の気持ちが支配されるといわれる。作業中は，絶えず気持ちを引き締めていることが最も大切であるので，常に服装も整えていなければならない。また，服装を整えることによって，機械等に引っ掛かったり，引き込まれたりして起こる災害から身を守ることにもなる。

　作業服装には，作業の種類や用途に応じて様々なものがあるが，一般的に用いられるものは次のとおりである。

a　作　業　服

　作業服は，作業服装の中心となるものである。その選定や着用等に当たっては，次の事項に

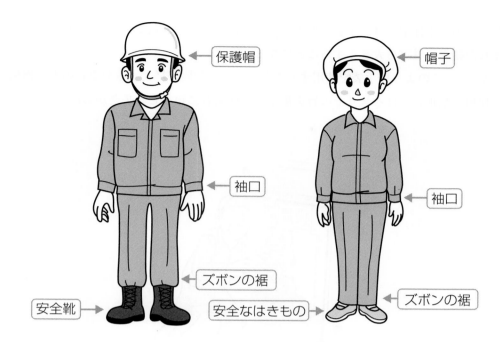

留意することが必要である。

①　身体に合った軽快なものである。

②　作業によっては，上着の袖口及びズボンの裾を締め，また，上着の端を出さない。

③　破れ，ほころび等は，すぐに繕っておく。

④　常に清潔に保つこと。特に，油の染みた作業服は火がつきやすく危険なので使用しない。

⑤　暑い時期や暑い場所であっても，裸作業は絶対に避ける。

⑥　着用者の職種や年齢，性別等を考慮して，適切なスタイルのものを選ぶ。

b　作　業　帽

頭部を保護するため，また，毛髪が機械等に巻き込まれるのを防ぐため，作業帽の着用は必要である。使用に当たっては，次の事項に留意する。

①　機械の周囲で作業をする場合には，作業帽をかぶる。

②　長髪者の場合には，毛髪を完全に覆うようにする。

③　前髪を出すようにして帽子を着用しない。

④　屋外作業に従事する場合，日焼けを防ぐために，必要以上に作業帽のひさしを長くしたり，顔の側面を覆ったりしない（視野が狭くなるため）。

（9）　手袋の使用禁止

手を汚れや負傷から守るために手袋が使用されるが，手袋の着用によって，かえって大きな災害を招くことがある。例えば，ボール盤作業のように，作業中にドリルや切削屑に巻き込ま

れるおそれのある作業では，手袋を使用することによって巻き込まれる危険が増し，また，巻き込まれた結果，災害を大きくすることになる。

したがって，このように手袋を使用することによって危険が増大するおそれのある機械では，手袋の使用を禁止し，はっきりその旨を掲示して作業者に知らせる必要がある。

1.2　工作機械

工作機械はその種類，用途により種々の形式がある。しかし，どのような機械であっても，材料を加工するのは機械全体のごく限られた一部の場所である。

したがって，加工作業に必要な箇所以外は，すべて覆っておく必要がある。また，その加工作業を行う箇所も，加工作業に入ってから終了するまでは，加工点に手やその他の部分が入ったり接触できたりしないように，安全な措置を施しておかなければならない。

これらの措置がとられた上で，災害を防ぐために次のことを行う。

①　材料の供給と取り出しを自動的に行う。

②　自動的に行うことができない場合には，治具を使って材料の供給，取り出しを行う。

③　材料の挿入や取り出しに治具を使用できず，直接手で行わなければならない場合には，案内ロール，案内溝，じゃま板を利用するなどの工夫をする。

④　安全装置を設置する。

しばしば，「作業がやりにくい」，「安全装置があると能率が落ちる」などといった理由で，安全装置を取り外して作業をしていることが見受けられるが，そのような場合に災害が数多く

発生している。もっとも，その安全装置があると本当に作業がやりにくいということであれば，その安全装置は本来の目的に合ったものではない。そのため，目的に合った安全装置に取り替える必要がある。安全装置は，作業者が安心して作業を行うために取り付けられるものでなければならない。

　ミスを犯した作業者を機械の側で補い，災害が発生しないよう効率的な安全装置を設けるため，製造側とも連携して有効的なものにすること，また，これらの安全装置が常に正常に働くかどうか点検することを怠らず，作業に集中できる環境を整えることが重要である。

（1）　工作機械の安全対策

a　研削盤作業

　研削盤作業は，研削といしによって微量の金属を削る作業であり，切削加工では困難な高硬度金属を削ることができる。しかしながら，研削といしの構造として，もろくて割れや欠け等が発生しやすい特徴がある。回転方向が定まっているため，クランプ不良で工作物が飛来する場合は作業位置で回避しやすいが，といしの割れや欠けの場合は予測しにくい方向へ飛来する。

　といし車は，一般に20～50m/sの周速度で回転しているので，使用中にといしが破裂すると，その破片は猛烈な早さで飛び出す。作業者はもちろん，周囲の人や付近の機械に激突して大きな傷害を与えることになる。したがって，研削作業では，常にといしの破裂を考慮して作業に当たらなければならない。

　研削盤による災害は，回転中の研削といしに接触することによる災害と，回転中の研削といしが破壊したことによる災害の2種類がある。

　研削盤作業における安全対策は，次のとおりである。

①　研削盤に研削といしを取り付ける場合，研削といしの最高使用周速度が研削盤の無負荷
　　回転速度（回転数）に適応しているかどうか，それぞれの表示により必ず確認する。

② 研削といしは，始業前に１分間以上，あるいは，研削といしを取り替えた場合には３分間以上の試運転をする。この場合，研削といしが破裂して飛散する方向に位置するのを避ける必要がある。

③ 研削といしの最高使用周速度を超えて使用しない。このため，研削盤の無負荷回転速度を毎月１回以上，及び異常を認めた都度，回転計により測定する必要がある。

④ 側面を使用することを目的とする研削といし以外の研削といし側面を使用しない。

⑤ 研削といしには，材料，開口部（研削に必要な部分の角度），厚さ等が，研削盤等構造規格に適合したカバーを設ける（図９－７）。

⑥ 研削といしは，メーカーにおいて実施する回転試験，衝撃試験等の合格したもので，かつ，形状や寸法が構造規格に適合するものを使用する。

⑦ フランジは，直径，逃げの値及び接触幅が構造規格に適合するものであり，左右同径のものが，ラベルを用いて正しく取り付けられていること（図９－８）。

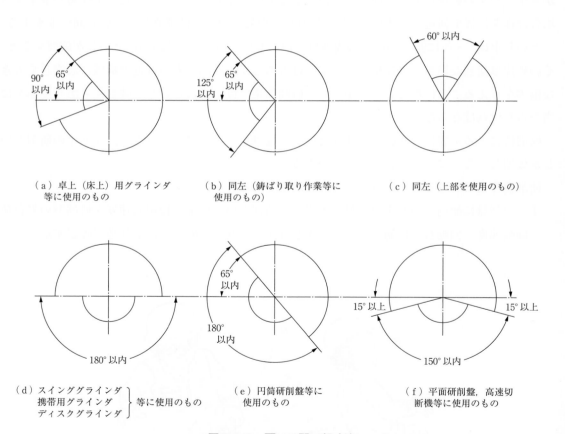

（a）卓上（床上）用グラインダ
　　等に使用のもの

（b）同左（鋳ばり取り作業等に
　　使用のもの）

（c）同左（上部を使用のもの）

（d）スインググラインダ
　　携帯用グラインダ ｝等に使用のもの
　　ディスクグラインダ

（e）円筒研削盤等に
　　使用のもの

（f）平面研削盤，高速切
　　断機等に使用のもの

図９－７　覆いの開口部寸法
（出所：中央労働災害防止協会「グラインダ安全必携」）

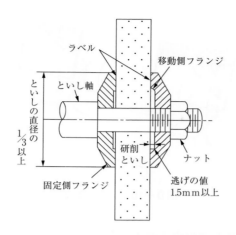

図9－8　ストレートフランジの正しい取り付け方

b　グラインダ作業

グラインダ作業における安全対策は次のとおりである。

①　卓上（床上）用研削盤は，研削といしが破裂した際に，その破片が覆いの開口部から飛び出すのを防止するために，ワークレスト及び調整片を設ける。又は調整片の取り付けのない構造のものは，覆いの上部開口端と研削といしの周面とのすき間を10 mm 以下に調整できるものとする（図9－9）。

②　といし車の周面とワークレストの間隔は3 mm 以内に，といし車の周面と調整片との間隔は10 mm 以内に保つようにする。

③　携帯用空気グラインダは，負荷により回転数が増減するので，呼び寸法が65 mm 以上のものには，調速機（ガバナ）を備える。

　　これは，エアモーターは負荷がかかる（研削する）と回転数が下がり，逆に負荷を取り去る（研削を止める）と回転数が上がる性質があるので，無負荷時でも回転数が研削といしの最高使用周速度を超えないように，また，負荷がかかってなるべく回転数が下がらな

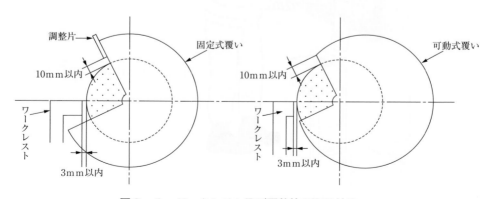

図9－9　ワークレスト及び調整片の取り付け

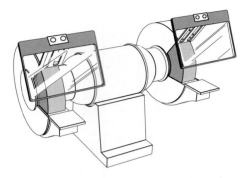

図9−10　シ ー ル ド

　いように自動的に空気量を調整するためである。

④　研削粉じんの飛来を防止するため，シールド（図9−10）又は局所排気装置を設ける。

⑤　ワークレストは，といし車の中心より低くしない。

⑥　といし車の取り付けは，資格のある者以外の者は行わない。

　　なお，研削といしを交換したときは，3分以上試運転をしてから使用する。

⑦　冬季など寒冷な場所では，といし車が暖まるまで急激に力を加えない。

⑧　空気グラインダの空気圧力は0.59〜0.64MPa（N/mm^2）に保つこと。このため，圧力計
　を設置して圧力の変動を監視する必要がある。

⑨　研削といしに衝撃を与えないこと。加工物に強く押し当てたり，研削といしで加工物を
　たたいたりしてはならない。

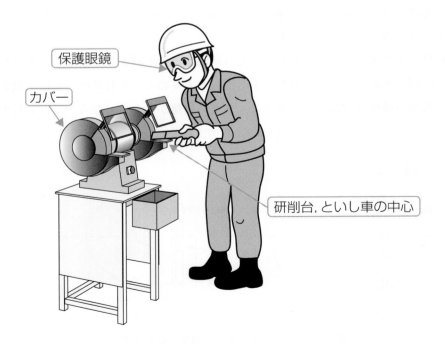

保護眼鏡

カバー

研削台，といし車の中心

c　旋盤作業

　旋盤作業では，加工物や切り粉に手を触れたり，チャック・レンチをチャックにつけたまま作業をして，それが飛んで作業者に当たる等の災害が発生している。

　旋盤作業における安全対策は次のとおりである。

① 　立旋盤，タレット旋盤から突出して回転している加工物には，囲いを設けて接触しないようにする。

② 　機械の上に工具を置かない。

③ 　切り粉はブラシで払い，手で払わない。切り粉は切削熱により焼けており，切り口が刃物のように鋭くなっている。また，ぼろ切れ等は回転部分に近づけない。

④ 　寸法を測定するときは，加工物の回転を止めてから行う。

⑤ 　機械が回転している間に「バックギヤ」に入れない。

⑥ 　チャックにレンチやスパナを使用したときは，使用後にすぐに取り外しておく。また，チャックを取り外したとき，安易に片手で持とうとしてはならない。

⑦ 　バイトを取り替えるときは，必ず機械を止めて行う。

⑧ 　バイトは，加工作業に差し支えない程度にできるだけ短く取り付ける。

⑨ 　切削屑が飛散するため，保護めがねを着用する。

⑩ 　工作物が細長く剛性が低いものは，遠心力で変形することも考えられるため高速回転を避ける。また，可能な限り振止め等を使う。

⑪ 　やむを得ずチャック領域外に工作物がはみ出す場合は，事前にゆっくりと手でチャックを回し，干渉の有無を確認する。

⑫ 　作業中は手袋を使用しない。また頭髪や作業衣が巻き込まれないよう，きちんとした服装で作業を行う。

⑬ 　作業服の袖ボタン等が外れ，衣類にたるみがある場合，巻き込まれるおそれがあるため

作業開始前に限らず，作業中にも服装の乱れを確認する。

d　ボール盤作業

ボール盤作業では，加工物が回転して身体に当たったり，手袋や作業衣の一部が回転するベルトや刃に挟まれたり，切り粉が目に飛んできたりして災害が発生している。

ボール盤作業における安全対策は次のとおりである。

① 穴あけ作業では，材料をしっかり取り付けるか，回り止めで支える。また，材料が振り回されるのは，加工終了時や刃を加工物から抜くときが多い。特に薄物は振り回されやすいので，下に木片を敷き一緒に穴あけをするとよい。

② 作業中は手袋を使用しない。また頭髪や作業衣が巻き込まれないようにきちんとした服装で作業を行う。

③ 切り粉は手や口で吹いて払わず，必ずブラシ，はけ等を使う。

④ 切り粉が飛んできて目に当たる災害が多く発生している。作業中は保護眼鏡を着用する。

e　フライス盤作業

フライス盤作業では，切り粉を払うときに手を出して，カッターに接触したり，作業服の袖等がカッターに巻き込まれたりする災害が発生している。

フライス盤作業における安全対策は次のとおりである。

① 切り粉が細かく飛びやすいので，必ず保護眼鏡を着用して作業する。また，切り粉は必ずはけを使って払う。可能な限り，覆い又は囲いを設ける。

② カッターに作業服の袖や帽子が巻き込まれないよう，きちんと始末しておく。

③ 上下送りハンドルは，使用後すぐに取り外しておく。

④　加工物やカッターの取り外しは，必ずカッターの回転を止めてから行う。測定を行う場合も同様である。

⑤　運転中は仕上げ面に手を触れない。

⑥　早送りをかけるときは，カッターが加工物やテーブルに触れないようにする。また，手動ハンドルのクラッチは完全に切っておく。

⑦　バックラッシュ等から，食いつき・食い込みによる加工物の飛来，工具の折損による飛来に注意が必要である。バックラッシュ除去装置が付いているものは有効に活用し，付いていない場合は，これを考慮する。

⑧　機械から離れるときは，各軸の送りレバーを確認する。

⑨　切削工具の運動方向を考慮し，危険のない作業位置で作業する。

⑩　切削工具の剛性や，加工物の剛性を考慮し，無理のない加工を心がける。

f　シェーパ盤作業

シェーパ盤作業では，加工中ラムのストローク端にぶつかったりして災害が発生している。

シェーパ盤作業における安全対策は次のとおりである。

①　運転中，バイトにより材料が突き落とされることがあるので，しっかりと止めておく。

②　バイトはできるだけ短く取り付ける。

③　運転中，仕上げ面を指先で確認しない。

④　切削屑が飛び散らないよう，つい立てでカバーする。

⑤　作業中は，材料がつき落ちたり，切り粉が飛んでくることがあるので，バイトの運動する方向に立たない。

⑥　切り粉が飛びやすいので，必ず保護眼鏡を着用して作業する。

⑦　加工物の測定は，必ず機械を止めて行う。

⑧　ラムは必要以上のストロークをもたせない。また，ラム等のストローク端で災害を受けるおそれがある場合には，つい立てや柵を置く。

⑨　ストロークの調整用ハンドルは，始動する前に取り外す。

g　産業用ロボット

産業用ロボットは，近年急速に産業界に取り入れられており，極めて有用な生産設備の一つとして捉えられている。特に，人間の作業を代替することができることから，危険・有害な作業現場では労働災害防止の点で非常に有効な設備といえる。

一方，産業用ロボットによる災害には，次のようなものがある。

①　ロボットのマニプレータにその動作順序，位置等を設定する教示作業を行っているとき，電気的な外部からの要因や制御機器の故障によりロボットの操作を誤った。

②　ロボットが作動しているときに，材料の送給位置がずれていたり，材料を落としたりしたものを直そうとして，ロボットの可動範囲に入った。

③　ロボットの点検作業中にロボットが誤作動を起こしたり，修理作業中起動スイッチがほかの作業者により入れられ，マニプレータが作動した。

そこで，これらの災害を踏まえた上で，産業用ロボットに対する安全対策を次に示す。

①　運転中はマニプレータの可動範囲に立ち入れないように柵や囲いを設ける。さらに，柵の外から人間が可動範囲に入ろうとする場合には，運転が停止する装置を設ける。

②　教示や検査・修理のために可動範囲に立ち入る場合には，運転を停止し，作業中であることを表示しておく。

③　マニプレータが誤作動した場合，直ちに機械を停止できるように非常停止用押しボタンを操作盤以外にも設ける。

④　教示後の確認運転は，ロボットの可動範囲外から行う。

⑤　産業用ロボットの操作方法，異常時の措置，異常時に運転を停止させたロボットを再起動するときの措置等について作業基準を定め，これを遵守する。また，ロボットのもつ危険性等について理解しておく。

（2）　ストローク端の覆い等

研削盤又はプレーナーのテーブル，シェーパのラムなど往復運動を行う機械では，そのストローク端部によって挟まれ，災害が発生しやすい。このような危険が予測される場合には，覆い，囲い，又は柵を設ける必要がある。

往復運動を行う機械の安全対策は次のとおりである。

①　テーブルの移動範囲の端は壁から50cm以上離す。

②　可動範囲には柵を設ける。

③　柵内に人が立ち入るときは，インターロック方式の安全装置を設け，運転が停止するようにする。

④　加工物の段取りや点検等でテーブルに人が乗るときは，必ず電源を切り，点検中や段取り中の表示板を掲示し，他の者が電源を入れることがないようにする。

⑤　できる限りテーブルに乗らないようにするため，加工ヘッド付近にプラットホームを設ける。

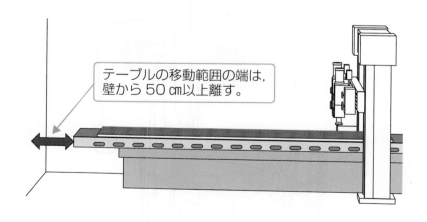

テーブルの移動範囲の端は，壁から50cm以上離す。

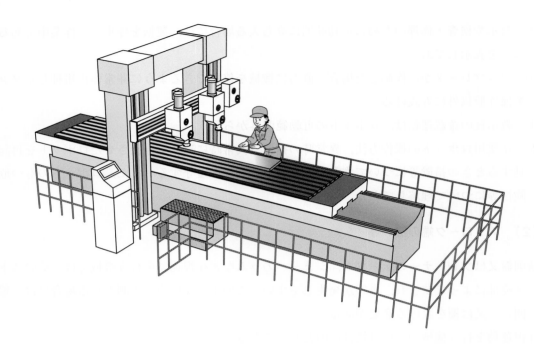

（3）　突出した加工覆い等

　立旋盤，タレット旋盤，正面旋盤など比較的大きな加工物を加工する機械では，長尺物，大径物によりはみ出し，突出した状態で加工する場合がある。加工物の大きさや長さで危険な領域が発生することから，このように危険な領域には必ず覆い，囲い等を設け立ち入ることができないようにする必要がある。

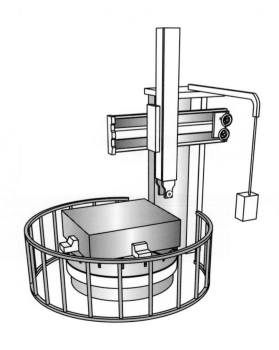

（4）　帯のこ盤の歯等の覆い等

　金属加工用の帯のこ盤作業（図9－11）では，切断を行う一部のみ歯が出ており，それ以外はすべて覆われている必要がある。また，加工中に覆っているカバー等が開いた場合，インターロック方式の安全装置を設け，運転が停止するようにする。

　歯の劣化や損傷による交換作業のときは，歯を覆うカバーを開いて交換するが，このような時にも，インターロック方式により遮断することで災害を防止する。

　帯のこ盤作業では，工作物を強固な力でクランプして切断するが，切削屑等が挟まった状態でクランプすると不安定な保持状態となり，切断中に工作物が回転してしまう。同時に，のこ歯も損傷してしまうため，クランプするときには，切削屑の除去やクランプ力の確認をする作業が必要である。

　そのほか，帯のこ盤作業の安全対策は次のとおりである。

①　帯のこ盤は，切断に必要な部分以外の歯や，のこ車全体を覆う。

②　帯のこは，使用前に亀裂の有無について点検しておく。

③　帯のこ盤の，のこ歯形送りローラには，送り側を除いて，接触予防装置を取り付けるか囲いを設けておく。

④　のこぎりが加工物により締め付けられたときは，必ず機械の運転を止めて外す。

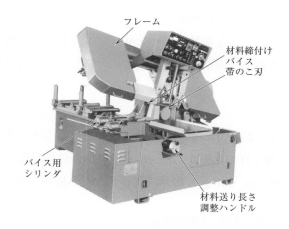

図9－11　横型金切り帯のこ盤の例
（出所：職業能力開発総合大学校 基盤整備センター「機械工作法」）

（5）　丸のこ盤の歯の接触予防装置

　金属加工用の帯のこ盤と同様に，金属加工用の丸のこ盤も，加工に必要な部分の歯以外は覆いや囲いが必要である。また，これらの丸のこ盤には，歯の接触予防装置を設け，接触するこ

とによる災害を防止しなければならない。

　丸のこ盤の接触予防装置は，図9−12に示すように「可変式」と「固定式」があり，いずれも加工材の大きさにかかわらず，切断に必要でない歯の部分を覆うように調整できる方式のものでなければならない。

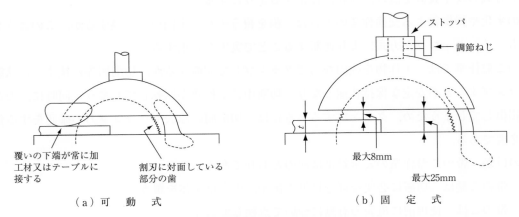

（a）可 動 式　　　　　　　　（b）固 定 式

図9−12　丸のこ盤の接触予防装置

a 可 動 式

　可動式は，丸のこの歯のうち，割刃に対面している部分及び加工材を切断している部分以外の歯を，加工材の厚さに応じて常に自動的に覆うことのできる構造である。上下に調節できる本体カバーの前後にスイングできる補助カバーを取り付けたものが一般的に使用されている。

　可動式の歯の接触予防装置は，国が行う型式検定に合格し，合格標章の表示が付されていないものは使用してはならない。

b 固 定 式

　固定式は，主に薄板（厚さ25mm 未満）の切断に使用されるものである。のこ歯のうち割刃に対面している部分及び加工材の上面から8mm までの部分以外を覆うことができ，かつ，その下端をテーブル面から25mm を超える高さに調整できない構造でなければならない。

（6）　立旋盤等のテーブルへのとう乗の禁止

　立旋盤とプレーナーはどちらも水平のテーブルを備えた機械である。このため，何かの理由により作業者がテーブルにとう乗することもできるが，禁止されている。ただし，修理や点検，調整等で，やむを得ずテーブルに乗る場合は，直ちに機械を停止することができる体制であれば，被災するおそれもなくなることから，例外として乗ることができる。

　立旋盤やプレーナー等は，比較的大型の加工物が多く，段取り作業など複数名で作業を行うこともあるが，コミュニケーション不足から被災する可能性がある。

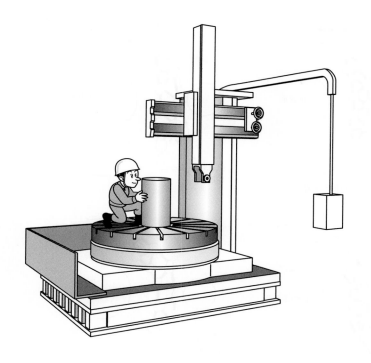

（7） 研削といし

　研削といしは，と粒・気孔・結合剤からなり，粒度や結合度の違いから非常に多くの種類がある。良好な加工を保つには，その加工物の材質等から適切な種類のといしを使用することが重要である。

　ある程度の研削が行われた場合に，と粒は，丸みが出てしまい，加工物に食いつきにくくなる。そこで，新たなと粒の自生が必要となる。この自生には結合度が重要であり，と粒とと粒を結合する強さの度合いによって，結合度が小さい場合は，と粒がといしから脱落しやすく，研削が行われないこともある。これを目こぼれという。一方，結合度が大きい場合は，自生しにくいため目づまりや目つぶれが生じ，研削されず，といしにひび割れが発生することもある。このように，適合するといしを選定し使用することで，良好に研削できる。さらに，目づまりや目こぼれ，目つぶれ（図9-13）等の現象を発生させないようにすることで，加工物に影響を与えないばかりでなく，機械への負担からくるといしの破損事故等の災害を防ぐことができる。

　研削といしの作業による災害は，単に衝突等で起こるわけではなく，といしの割れや欠けは加工条件やといしの選択ミスからも発生するので，万が一に備え，覆いを設けて使用する必要がある。

　研削といしの安全対策は次のとおりである。

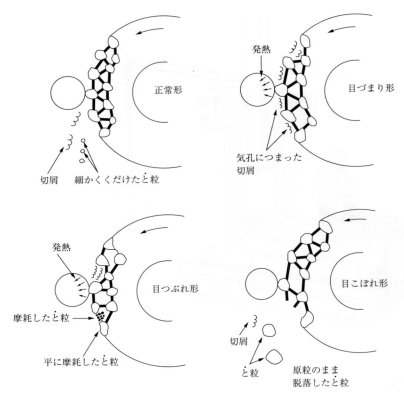

図9-13　研　削　状　態
(出所：中央労働災害防止協会「グラインダ安全必携」)

a　といしの取り扱い方

① といしはもろく割れやすいため，取り扱いには十分注意する。

② 各種研削盤の作業開始前点検では，といしの傷や割れなど異常の有無を点検する。

③ といしの異常に関する点検方法には，目視検査や打診検査がある。打診検査では，木ハンマ等で側面を一様に軽くたたき，音の高低により異常を発見する。

⑤ といしは構成されると粒や結合材，気孔等のバランスが一様とはならず，密度が異なる部分も発生することから，そのバランスを取ってから研削盤に設置する必要がある。といしのバランスは，といしバランス台を使用し，バランスウエートの位置により調整し，不つり合いを解消する（図9-14）。

　　バランス台の種類には天秤形や転がり形のバランス台がある（図9-15）。

⑥ といしをスピンドルに取り付ける場合には，といし直径の1/3以上のフランジ直径で，両側のフランジは同径のものを必ず使用する。

b　研削といしの覆い

研削盤はカバーを外して使用しない。カバーは粉じんを巻き散らかさない役目と同時に，万が一，といし車が破損したときの防護の役目をする。ただし，直径が50mm未満の研削といし

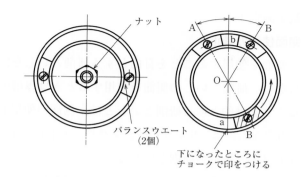

図9－14　バランスウエート調整法
（出所：職業能力開発総合大学校 基盤整備センター「機械工作法」）

（a）　コロガリ形バランス台　　　　　　（b）　天秤形バランス台

図9－15　といしバランス台
（出所：（図9－14に同じ）

については，この限りでない。

c　研削といしの試運転

① 　といし車の取り付けは，資格のある者以外は行わない。

　　なお，研削といしを交換したときは，3分以上運転をしてから使用する。

② 　各種研削盤では，電源投入後，各軸の動作を確認してから作業に当たる。また，主軸の電源投入も，インチングにより初めは断続的に様子を確認しながら回転させ，異常がなければ電源を投入する。このとき万が一に備え，といしの回転方向を考慮し，危険性のある位置には立たない。研削作業中も同様に，危険性のある位置を避けた作業位置で作業する。

d　研削といしの最高使用周速度を超える使用の禁止

① 　研削盤の使用に当たっては，最高使用周速度を超えて使用してはならない。

② 　研削といしを，その最高使用周速度を超えて使用しないためには，研削といしの回転数を適時測定する必要がある。特に，圧縮空気により駆動する可搬式のグラインダで，直径が65mm 以上の研削といしを使用する場合は，1か月に1回以上及び異常を認めた都度研

削といしの回転数を測定する。

e　研削といしの側面使用の禁止

①　研削作業では，側面を使用することを目的とする研削といしを除き，研削といしの側面は使用してはならない。研削といしの側面を使用するときは専用のものを使用する。

②　側面を使用することを目的とする研削といしとは，側面の使用面を指定されている研削といしをいう。その主なものは，リング形，ジスク形，ストレートカップ形，テーパーカップ形，さら形及びオフセット形の研削といしである。

③　平形といしを使用する卓上用グラインダによって，特殊バイトをL形に研削する作業で研削といしの角の部分を使用することは，側面を使用することにはならない。

1.3　木材加工用機械

製材機械，木工機械，合板機械等の木材加工用機械による災害は，のこ歯やかんな刃との接触によるものと，材料の反ぱつによる災害との二つに大別される。

のこ歯やかんな刃と作業者の手，指又は身体の一部が接触することによる災害を防止するためには，材料の送給を自動化した機構を本体に組み込んだ機械を採用するか，自動送給装置を使用することが望ましい。しかし，これらの自動送給装置を使用することが困難な場合には，次に述べる接触予防装置を必ず備えなければならない。

（1）　木材加工用丸のこ盤

丸のこ盤の接触予防装置にも，前述したように「可動式」のものと「固定式」のものがある（図9-12参照）。いずれも加工材の大きさにかかわらず，切断に必要でない歯の部分を覆うように調節できる方式のものでなければならない。

なお，携帯用丸のこの接触予防装置として，切断時には移動カバーが固定カバーの内部に自動的に押し入れられ，切断作業が終了すると自動的に閉止点に戻るものが使用されている（図9-16）。

（2）　木工加工用帯のこ盤

帯のこ盤には，次のような接触予防装置又はカバーを設けなければならない。

a　のこ歯及び，のこ車のカバー

丸のこ盤と同様に，加工材の切断に必要な部分以外ののこ歯は，常に覆うことができる構造でなければならない。したがって，加工材の厚さに応じて調節ができ，その長さは「せり」を下げた場合に，カバーの上部の歯が露出しないような長さとすることが必要である。

また，のこ車は図9-17のようにカバーをする必要がある。

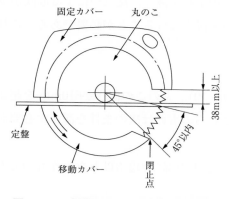

図9−16　携帯用丸のこの接触予防装置

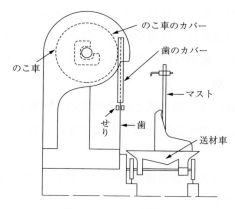

図9−17　のこ車のカバー

b　スパイク付き送りローラ又はのこ歯形送りローラの接触予防装置とカバー及び急停止装置

帯のこ盤のテーブルに設けられるスパイク付きローラ，又はのこ歯形によるローラ等で加工材を送給する場合に，加工材の送給者が誤って送りローラに触れても，ローラのつめに引っ掛けられないようにするため，接触予防装置やカバーを設けるか，又は作業者が当該ローラを停止することができる急停止装置を設ける必要がある。

（3）　手押しかんな盤の接触予防装置

手押しかんな盤の接触予防装置には，可動式のものと固定式のものがある。可動式は，カバーの下面と加工材を送給する側のテーブル面とのすき間が8 mm 以下となるようにしなければならない。また，固定式は，多数の切削幅を一定にして切削する場合にのみ使用が許されるものである（図9−18）。

面取り盤，ルータ，ほぞ取り盤，木工ボール盤等にも，容易に調整できる構造の接触予防装置を設けることが大切である。

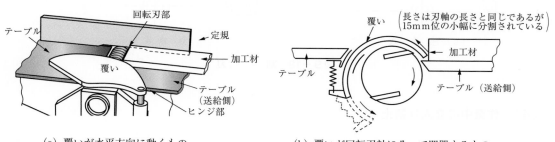

（a）覆いが水平方向に動くもの　　　　　（b）覆いが回転刃軸にそって開閉するもの

図9−18　手押しかんな盤の可動式接触予防装置

丸のこ盤で，横びき用のものや製函用のものなどで加工材が薄く，反ぱつによる危険が少ないもの以外は，割刃や反ぱつ防止つめ等の反ぱつ予防装置を設けることが必要である。これらの丸のこ盤の反ぱつ予防装置としては次のものがある。

a　割　　　刃

割刃には，懸垂式とかま形式の2種類がある（図9-19）。丸のこの直径が610mmを超えるものに使用する割刃は懸垂式でなければならない。これらのものは次の条件を満たす必要がある。

① 丸のこ盤の標準テーブル位置上の，丸のこのさか歯の部分の2/3以上を覆うものであること。

② のこ歯とのすき間は12mm以内とすること。

③ 厚さは丸のこの厚さの1.1倍以上で，かつ，丸のこのあさり幅より小さいものであること。

　厚さは，あさり幅の80%程度がよい。

b　反ぱつ防止つめ及び反ぱつ防止ロール

丸のこの直径が405mm以下の丸のこ盤に限り，使用してもよい。しかし，リッパーやギャングリッパーのように自動送り装置を有する丸のこ盤には，必ず反ぱつ防止つめを設ける。

なお，反ぱつ防止つめは，加工材が反ぱつしたときに大きな衝撃を受けるため，鋳鉄製のものは使用できない。

また，反ぱつ防止ロールは，加工材が丸のこのさか歯側で浮き上がらないように，ロールで加工材を常に押さえつけるものであるが，加工材の逆行に対しては効力が小さい欠点がある。

以上のほか，木材加工用機械による災害を防ぐためには，「安衛法」に基づく作業主任者を選任し，機械や安全装置の保守点検を励行させたり，作業の指揮を行わせることが必要である。

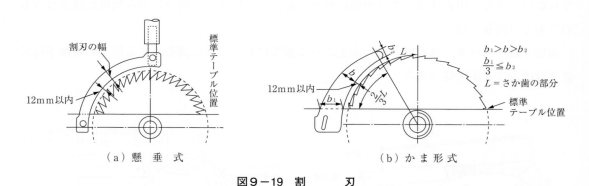

（a）懸　垂　式　　　　　　　　（b）かま形式

図9-19　割　　　刃

（4）　作業中の立入り禁止

自動送材車式帯のこ盤の送材車と歯との間に使用者が立ち入ることは禁止されており，その旨を見やすい箇所に表示しておかなければならない（「安衛則」第128条）。

1.4 プレス機械及びシャー

プレス機械による災害の大部分は，例えば，材料の位置を直そうとして，スライドの下降中に金型間に手や指を挿入し，その金型により手指等を負傷するものである。このような災害を防止するには，材料の自動送給取出し装置，安全囲いの設置等の措置によって，金型の作動する部分に手指を入れる必要のないもの，又は，手を入れることができないものとするか，あるいは危険限界（スライドが作動する範囲）に手指等が入った場合にスライドが急停止するものとする必要がある。

しかし，すべてのプレスについて，以上の措置を行うことは困難であるところから，安全装置の取り付け，その他の安全な措置を講じ，スライドが下降する際，手指が危険限界の外にあるようにする必要がある。

シャーによる災害の大部分も，プレス機械同様に材料の位置を直すときや，刃部に接近した部分で材料を保持するときなどに，降下した刃によって手指を切断するものである。このような災害を防止するためには，プレス機械と同様に，材料の自動送給取出し装置，ガード等を設けることにより，作業者の手指等を刃部に接近させないように次の①～②の措置を講じる必要がある。

① シャーの刃の前面には，手，指が危険限界に届かないようにガイドを設けるか，又はプレスの場合と同様に安全装置を取り付ける。

② 共同作業で背面側での刃部の危険を防止する必要がある場合には，背面の作業者も操作しなければ起動しない押しボタン式安全装置等を取り付け，作業者全員の安全を確保するように措置する。

人力プレス及びシャーには，足踏み式や手動式等がある。その動力源が人力であることから，動力によるものに比べて取り扱いを安易にしがちである。しかし，人力によるものであっても，金型又は刃によって材料の加工，せん断等を行うものであるため，その機構は動力によるものと本質的には差異がない。したがって，危険性があることを考慮して，それぞれ適応した安全措置を講じることが必要である。

プレス作業及びシャー作業における安全対策は次のとおりである。

① 自動プレスや専用プレスの採用により，材料の送給や製品の取り出しに人が関与しないようにする。

② 材料の送給や製品の取出し部分に，手指等が入らないような安全囲いを設ける。

③ 安全金型を用いる。

④ スライドの一部分に身体の一部が入ったとき，自動的にスライドの下降が停止する設備

が組み込まれたものを用いる。

⑤　両手で同時に二つの押しボタンを押すことにより機械が起動し，片方でも離すと機械が停止する設備が組み込まれたものを用いる。

⑥　安全装置を取り付けて使用する。

なお，安全装置にはガード式安全装置，両手操作式安全装置，光線式安全装置，手引き式安全装置等があり，いずれも「安衛法」に基づく型式検定を受けたものでなければ使用してはならない。

以下に，安全対策に関する各方法，各種装置について述べる。

（1）　安全囲い等

危険限界に手を入れようとしても手が入らない方式と，危険限界に手を入れようとすれば入るが手を入れる必要がない加工方式を，ノーハンドインダイ加工といい，以下に説明する。

a　危険限界に手を入れようとしても手が入らない方式（構造的に手が入らないもの）

（a）　安全囲いを取り付けたプレス

作業者の指が安全囲いを通して，又はその外側からも危険限界に届かないもの

（b）　安全型を取り付けたプレス

上死点における上型と下型との隙間，及びガイドポストとブッシュの隙間が6mm以下のもの

（c）　専用プレス

特定の用途に限って使用でき，かつ，身体の一部が危険限界に入らない構造の動力プレス

b　危険限界に手を入れようとすれば入るが手を入れる必要がない方式

（a）　自動送給，排出機構をプレス機械自体がもっている自動プレス

自動的に材料の送給及び加工並びに製品等の排出を行う構造のもの

（b）　自動送給，排出装置をプレス機械に取り付けたもの

産業用ロボット等を取り付けて，それに材料の送給及び加工並びに製品等の排出を行わせる構造のもの。この場合，自動送給，排出装置とスライドの作動，電源等とはインターロックがとられている必要がある。

c　危険限界に手を入れない方式

（a）　専用の手工具を使用して，材料の送給及び加工並びに製品等の排出を行うもの

この方式は，プレス災害防止対策としては次善の策である。

（2）　安全装置

形状が複雑な材料を加工する場合や多品種少量生産など，ノーハンドインダイ加工の措置が困難な場合に限り，各種の安全装置を施したプレス機械で加工することをハンドインダイ加工

という。その種類にはガード式，両手操作式，光線式，手引き式等があり，そのほか，これら
を組み合わせたものもある。

　プレスの種類や圧力能力，毎分ストローク数，ストローク長さ等に適合した安全装置を選定
するとともに，両手操作式や光線式の安全装置については，プレスの停止性能に応じたものを
選定し，取り付けることが大切である。また，なるべく2種類以上の安全装置を併用するなど
して安全を確保することが必要である。

　スライドの下降中（下降式のもの）に作業者の手が危険限界に入るおそれは生じないが，作
業者の手が危険限界に入る方式には，次のものがある。

a　ガード式安全装置

　ガード式安全装置は，プレス前面に配置されたガード板の作動により，スライドの作動中は
手指等が危険限界に入らないようにされたものである。

　スライドが降下する前にガード板が作動し，手や指がガード板作動を防げた場合は，スライ
ドは降下しない構造になっている（図9−20）。スライドの作動中には，手を入れようとして
も入らないので，金型の作動する部分に手を入れる必要がある作業方式の中では，最も安全性
が高い。ガード板の作動方向により上昇式，下降式，横開き式等がある。

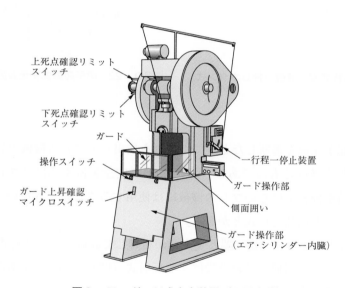

図9−20　ガード式安全装置（上昇方式）

b　両手操作式

　プレスの前面に2個の押しボタン又は操作レバーを設置し，両手で操作することによって手
の安全を図るもので，急停止機構を備えるプレス機械に使用する安全一行程式安全装置と，ポ
ジティブクラッチ用（急停止機構のないプレス機械用）の両手起動式安全装置の2種類に分け
られる。

（a）　安全一行程式安全装置

　両手で同時に押しボタンを押したときだけ起動し，手を離すと急停止機構が作動してスライドが停止する構造のもので，安全一行程運転方式を有するフリクションクラッチ付きプレスに取り付けられる（図9‐21）。

（b）　両手起動式安全装置

　電磁ばね引き式の両手起動式安全装置等で，機械的一行程一停止機構を有するものと，エアシリンダーを操作してクラッチを入り切りする方式，リミットスイッチにより検知する方式，コンデンサーの充放電による方式，タイマー方式等がある（図9‐22）。

　なお，毎分ストローク数が120回以上ではない場合は，単独では使用できない。

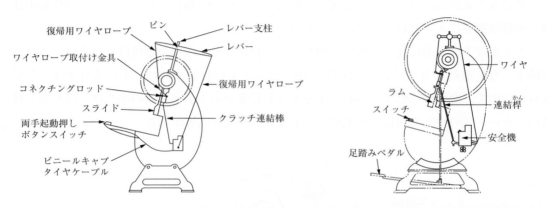

図9‐21　安全一行程式安全装置（押しボタン式）　　**図9‐22　両手起動式安全装置（電磁ばね引き式）**

c　光　線　式

　手など身体の一部が光線を遮断したときに，これを検出してプレス機械の急停止機構を作動させ，スライドを停止させるものである（図9‐23）。安全装置本体にはブレーキの機能がないので，急停止機構を備えていないプレス機械には使用することができない。光源の方式により，発光ダイオード式と白熱電球式とがある。

　また，光線の受け方によって，投光器と受光器が相対して設置される透過式（図9‐24）と，投・受光器が一体になり反対側には鏡を設置する反射式（図9‐25）とがある。

d　手引き式（プルアウト式）

　スライドが降下するにつれて，スライドに連結された手引きひもにより，手を危険限界外に引き戻す機構のもので（図9‐26），2度落ちに有効であり，余分の操作を必要としないが，作業の種別ごとに手引きひもの長さを調整する必要がある。

　ストローク長さの小さいプレスについては，手引きひもの引きしろが不足するので不適当である。また，スライドの速度が大きい場合，手引きひもによって作業者の手が衝撃的に引かれるおそれがあるので両手操作式を併用するのが望ましい。

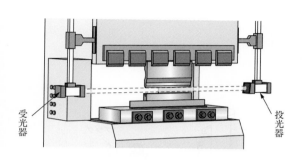

図9−23　光線式安全装置

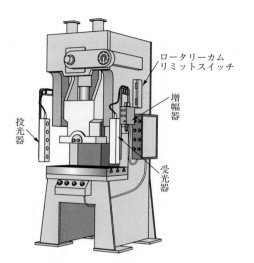

図9−24　透過光線式安全装置

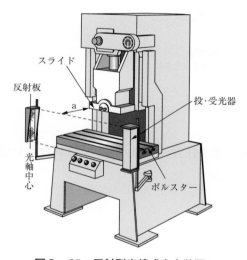

図9−25　反射型光線式安全装置

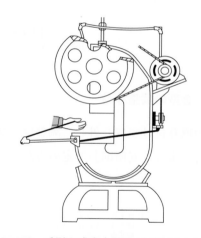

図9−26　手引き式安全装置（プルアウト式）

（3）　安全ブロック

　プレス機械において，刃具や金型を交換する作業時に，機械の誤動作，刃具や金型の設置不良（固定不良），機器油圧装置の故障による圧力低下等によって，スライドが下降することが十分に考えられる。そのため，万が一このような事態が起きても災害に遭わぬような対処を事前に行うことが重要となる。「安衛則」において，金型の取り付け，取り外し，調整の作業で作業者の体の一部が危険限界に入るときは，安全ブロック等を使用しなければならないと定められている（第131条の2）。

　スライドが何らかの原因により下降した場合において，上下の隙間を確保するために，間に

安全ブロックを置く（図9－27）。このとき，上型の重量を支えることができるブロックを使用しなければ災害が発生してしまうため，ブロックの剛性にも注意が必要である。

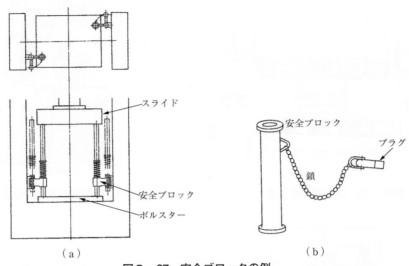

図9－27 安全ブロックの例
（出所：中央労働災害防止協会「プレス作業者安全必携」）

（4） 金型の調整寸動

金型の取り付けや取り外し，調整は，プレス機械作業主任者の指揮のもと，特別教育を受けた者が行うよう「安衛則」で定められている（図9－28）。

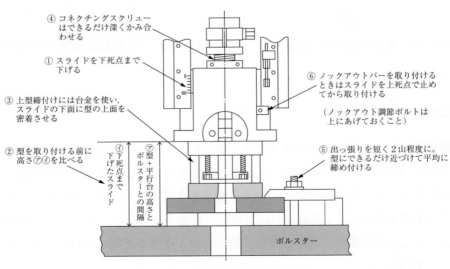

図9－28 金型の取り付けの注意点
（出所：中央労働災害防止協会「プレス作業」）

a　金型固定に使用する締め具に関する注意事項

　金型を固定する締め具には，締め板や締め付けブロック，締め付けボルト，フランジナット等を使用する。締め板の厚さ，締め付けボルトの長さや太さ等も様々である。これらが適正であるかどうか，また締め付ける位置や方法についても注意が必要である（図9−29）。

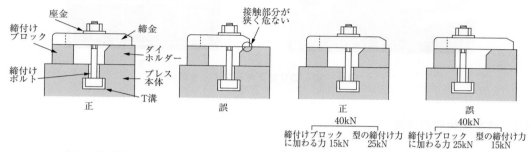

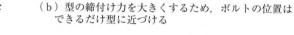

（a）締金が型と接触する部分の面積は十分な
　　広さをもつ

（b）型の締付け力を大きくするため，ボルトの位置は
　　できるだけ型に近づける

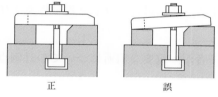

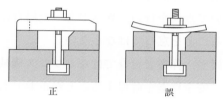

（c）締金が水平になるように，型のホルダーと
　　締付けブロックの高さをそろえる

（d）締金は十分な厚さがないと，曲がってしまう
　　締付けボルトが必要以上に長いと，ひっかかって
　　危ない

図9−29　締め具に関する注意点
（出所：（図9−28に同じ））

（5）　切り替えキースイッチのキーの保管

　プレス機械による災害には，切り替えキースイッチを「切」にし，安全装置を無効にしたために起きている災害も少なくない。

　以下の切り替え点においては，どの状態に切り替えても安全が確保されなければならない。

① 　連続行程，一行程，安全一行程，寸動行程等，行程の切り替え

② 　両手操作から片手操作，両手操作からフートスイッチ又はフートペダル操作等，操作の
　　切り替え

③ 　操作ステーションの単数と複数の切り替え

④ 　安全装置の作動の，有効と無効の切り替え

なお，切り替えキースイッチのキーの保管は，プレス機械作業主任者の重要な職務である。

切り替えキースイッチの例を図9−30に示す。

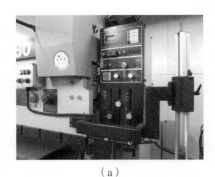
（a）

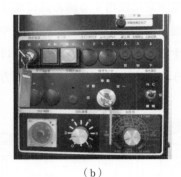
（b）

図9-30　切り替えキースイッチの例

（6）　作業開始前の点検

　作業開始前点検は，外観異常の有無，実際の動作異常がないかを日常的に点検するものであり，作業者自身が行うものである。災害を防ぐための安全装置に異常がないか，チェックリストを用いて点検を行い，異常があった場合には補修する。この場合，プレス機械作業主任者に報告することを怠ってはならない。

　このほか，作業者自身ではなくプレス機械作業主任者が，重要な箇所についての月例点検等を行い，安全機能を確保することが重要である。

　しかし，作業開始前点検や月例点検では，本質的な故障や部品の摩耗・劣化など，故障寸前の状態を発見できるものではない。修理や部品交換が必要なほどの異常を発見するには，一度，機械を分解し，各部品の異常や組立て異常（部品の緩み）を確認する必要があり，資格要件のある者（検査業者や事業内の検査者）が特定自主検査を行う。この特定自主検査は，年に1回実施することとされている。

1.5　遠心機械

　遠心機械とは，容器に材料を入れて回転させ，混ぜたり，分離させたりするものである（図9-31）。例えば，水と油が混ざった液体を遠心機械にかけると，水だけの液体，油だけの液体に分かれるのが，遠心分離である。

　遠心機械は，到底人力では不可能なほど，非常に高速で回転する。高速で動くものは高いエネルギーをもっており，無防備に接近，接触することは非常に危険である。簡単に体が吹き飛ばされてしまう可能性もある。

　そのため，遠心機械には，次のようなことが義務づけられている（「安衛則」138〜141条）。

　①　ふたの取り付け

　　　遠心機械には，ふたを取り付ける。

図9−31　遠心機械の例

② 運転の停止

（内容物の取り出しが自動式のものを除き）内容物は運転を停止してから取り出す。

③ 最高使用回転数を超える使用の禁止

過度の回転負荷をかけると，機械が故障する原因となり，その故障は，人に危害を加える可能性が出てくる。そのため，遠心機械の最高使用回転数を超えて使用してはならない。

④ 遠心機械は，1年以内ごとに1回，自主点検をしなければならない。

点検の結果，異常箇所があればすぐに補修を行い，その点検結果は記録に残し，3年間保存しなければならない。

1.6　粉砕機及び混合機

材料を粉にする機械を粉砕機と呼ぶ。その粉砕機や，材料を混ぜ合わせる混合機には，材料を粉々にし，すりつぶす刃をもっている。また混合機には，容器内に材料を混ぜ合わせるために，回転する刃が付いている。イメージとしては，家庭用のミキサーやブレンダー等のようなものであるが，工場で使用するものは家庭用とは比べ物にならないほどの駆動力がある。

もし，これらの回転体の中に人の手指が巻き込まれたら重大災害となる。そのため，これらの機械には，次のような安全基準が設けられている（「安衛則」142，143条）。

① 転落の防止

粉砕機や混合機の開口部から落下することを防ぐために，ふたや覆い，高さ90cm 以上の柵を設ける。ただし，ホッパーの斜面に付着した材料をかき落とす等，作業の性質上，これらの施設が困難な場合は，墜落制止用器具を使用して作業を行う。

② 運転の停止

粉砕機や混合機から中身を取り出す時（内容物の取り出しが自動式のものは除く），機械を停止させなければならない。ただし，機械の運転を停止すると，接着剤のように粘性が大きくて凝固してしまうなど，作業の性質上において困難な場合は，適切な用具を使用

しなければならない。

1.7　ロール機等

ロール機等による災害のほとんどは，ロールに巻き込まれることによるもので，これを防止するためには，安全装置やカバーを設ける必要がある（図9－32，図9－33）。

ロール機等の安全対策は，次のとおりである。

① 　紙や布，金属箔等を通すロール機に挟まれる危険がある部分には，ガイドロールや囲い，じゃま板，アングル，棒等を設ける。

② 　シャットルがある機械には，シャットルガードを設ける。

③ 　伸線機の引抜きブロック，又はより線機のゲージで危険を及ぼすおそれのあるものには，覆いや囲い等を設ける。

④ 　身体の一部が，射出成形機や鋳型造型機，型打ち機等に挟まれるおそれがあるときは，戸，両手操作式による起動装置，その他の安全装置を設ける。

⑤ 　扇風機の羽根で危険を及ぼすおそれのあるものは網，又は囲いを設ける。

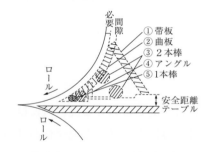

図9－32　挟まれ防止設備
（出所：中央労働災害防止協会「チェックリスト
　　を活かした職場巡視の進め方」）

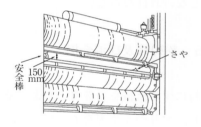

図9－33　カレンダーロール安全棒の改善例
（出所：（図9－32に同じ））

（1）　ゴム縛りロール機の急停止装置

ゴム縛りロール機の急停止装置には，機械的制動によるものと電気的制動によるものがあるが，急停止装置の主な要件を次に挙げる。

① 　急停止装置は，ロールを無負荷で回転させた状態において，前部ロールの表面速度に応じ，表9－1に示す停止距離以内で前部ロールを停止させることができる性能を有するものであること。

② 　急停止装置の操作部（ロッド，ロープ，プレート等）は，縛りロール機の前面及び後面にそれぞれ1個，水平に設け，かつその長さは，ロールの加工部の長さ以上であること。

また，操作部の取付け位置は表9－2のとおりとし，作業者が緊急の際に，手や腹又は膝により容易に操作できるものであること。

表9－1　前部ロールの表面速度と停止距離

前部ロールの表面速度［m／min］	停止距離
30以下	前部ロールの円周の1/3
30を超える場合	前部ロールの円周の1/2.5

表9－2　操作部の種類と位置

操作部の種類		位　　置
練りロール機の本体に取り付けられるもの	作業者の腹部で操作するもの	床面から0.8m以上1.1m以内
	作業者のひざで操作するもの	床面から0.4m以上0.6m以内
練りロール機の上方に取り付けられるもの		床面から1.8m以内

1.8　高速回転体

高速回転体とは，タービンロータ，遠心分離機のバケット等の回転体で，周速度が25m/sを超えるものをいう。モーターの力により高速回転を生み出し，主に中心に一本の軸，回転軸があり，この回転軸に容器等の回転体が取り付けられている。

高速回転体が高速回転中に，回転体が壊れて破片が辺りに散らばったら，まさに辺り構わず銃を乱射しているような状態になってしまう。人など簡単に吹き飛ばしてしまうなエネルギーをもっている（図9－34）。

そのため，次のような安全基準が定められている（「安衛則」149条～）。

① 回 転 試 験

　回転試験は，専用の丈夫な壁，天井がある建物の中で，障壁等で隔離された場所で行う。ただし，試験設備に堅固な覆いを設けるなどの危険防止措置を講じた場合は試験を行っても差し支えない。

② 回転体の非破壊検査

　回転体の重量が1 tを超え，かつ，回転軸の周速度が120m/sを超える高速回転体の回転試験を行うときは，あらかじめ，その回転軸について非破壊検査を行い，破壊の原因となる欠陥のないことを確認する。

　非破壊試験には，放射線，超音波探傷，磁気探傷，浸透液探傷等の各検査方法がある。

③ 回転試験の実施方法

　回転試験は遠隔操作による方法等，労働者にとって危険のおそれのない方法を採用する。

図9-34　高速回転体のイメージ図

第2節　荷役運搬機械

　運搬用の機械として，クレーン，ホイスト，フォークリフト，ベルトコンベヤ等のほかに，バッテリーカー，リヤカー，手押し車等が一般的に使われている。これらの運搬設備は，運搬するものと使用する場所に適した機械を選ぶことが大切である。

2.1　車両系荷役運搬機械

　車両系荷役運搬機械等には，フォークリフト，ショベルローダー，フォークローダー，ストラドルキャリヤー，不整地運搬車，構内運搬車，貨物自動車等がある。

（1）　作業計画と作業指揮者

　事業者は，車両系荷役運搬機械等を用いて作業（不整地運搬車又は貨物自動車を用いて行う道路上の走行の作業を除く）を行うときは，あらかじめ以下について定め，労働者に周知作業を行う必要がある。
　①　当該作業に係る場所の広さ及び地形
　②　当該車両系荷役運搬機械等の種類及び能力
　③　荷の種類及び形状等に適応する作業計画・作業手順書（運行経路及び当該車両系荷役運搬機械等による作業の方法が示されているもの）
　また，車両系荷役運搬機械等を用いて作業を行うときは，指揮者を定め，その者に作業計画に基づき作業の指揮を行わせなければならない。
　複数の作業者で荷役作業を行う場合，作業指揮者を配置し，荷台上で作業者が移動する場合，作業指揮者は地面レベルから全般を見渡し，確認及び指示ができる状況にしておく必要がある。
　なお，図9-35に荷役作業における死亡災害の起因の割合を示す。

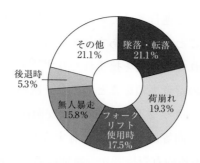

図9－35　陸上貨物運送事業の荷役作業の死亡災害（2013年）
（出所：労働安全衛生総合研究所「陸上貨物運送事業における重大な労働災害を防ぐためには」）

a　車両系荷役運搬機械等を用いて行う作業時の安全対策

トラック・荷台等からの墜落・転落を防ぐ安全対策の例は，次のとおりである。

①　トラック運転席やアルミバンの屋根上など高所で作業を行う場合は，墜落制止用器具を着用するか，足場を組み，作業床を設ける。

②　耐滑性のある安全靴等を使用する。

③　作業高によらず，必ず保護帽を着用して荷役作業を行う。

トラック・荷台での荷崩れによる災害を防ぐ安全対策の例は，次のとおりである。

①　積み付け時には，積荷の状態を確認する（積卸し配慮）。

②　適切な固定・固縛を行う。

③　荷の固定・固縛方法に係る研修を実施する。

④　荷付け・積卸し時に渡し板等が必要な場合の，板の脱落防止や荷の滑止めの措置を実施する。

⑤　トラックの走行途中に，積荷の固定・固縛方法の点検を行う。

⑥　荷崩れにつながりやすい荒い運転（急制動，急発進，急旋回等）を禁止する。

⑦　荷台のあおりやウイング等を動かす際，荷が立て掛けられていないか，事前の確認を行う。

（2）　フォークリフト

フォークリフトは，重量物の運搬作業を能率化し，人力運搬に伴う災害の防止に役立つ反面，その構造上の特性に基づく危険性や誤った使用によって，新しい型の災害が起こっている。例えば，車体をコンパクトにまとめる構造上の要件から，最大荷重を超える荷の積み過ぎ，急旋回等による車両の転倒，構造上からくる視界の制限，後退走行等による歩行者等との接触，未熟な運転操作等による積荷の落下等による災害である。

最近，省力化の関係から，無人搬送車が資材の運搬に用いられるようになり，工場内をコン

ピュータ制御された運行経路に従って運行させている。無人搬送車による災害は，搬送車自体に対人安全装置が整備されていることもあり，あまり多くは発生していないが，通路の整備不良により運搬中の荷が倒壊し，崩れた荷に足を挟まれたりする災害が起きている。

　フォークリフトを取り扱うときの留意事項をまとめると，次のとおりである。

① 　最大荷重が1t以上のフォークリフトの場合は，「安衛法」に基づくフォークリフト運転技能講習修了者又は，これと同等以上の能力を有すると認められる者に運転させる。最大荷重が1t未満の場合は，前述の有資格者か，特別の教育を修了した者に運転させる。

② 　運転者は，作業開始前，自分が運転する機械について所定の箇所を点検し，給油をする。

③ 　電動フォークリフトは作動時の対応が速いので，運転は慎重に行う。また，走行時の音が小さいので，通行人や作業者に十分配慮した運転を行う。

④ 　乱暴な運転やスピードの出し過ぎをしない。特に急激な後退は避ける。

⑤ 　所定の区域外での運転をしない。

⑥ 　所定の荷重や高さを超えた積み荷をしない。

⑦ 　運転者以外の者を乗車させない。

⑧ 　けん引するときは，必ずけん引棒を使う。

⑨ 　フォークリフトには，方向指示器，警報装置を備え，これを有効に使用する。また，荷の落下等の危害を防止するため，堅固なヘッドガードを備える。

⑩ 　周囲の安全を確かめながら運転操作を行う。特にフォークに荷があるときには，急な上昇・下降，旋回等は行わない。

⑪ 　フォークリフトの用途外使用をしない。

⑫ 　操作に慣れていない場合は，一定期間は指導者の指導のもとで作業を行う。

⑬ 　自分の周囲に注意を払いながら作業を行う。

⑭　接触事故を防ぐために，歩行者立入り禁止エリア（フォークリフト走行エリア）に立ち入らないようにする。

（3）　構内運搬車

構内運搬車による運搬における安全対策は，次のとおりである。

① 構内運搬車で作業を開始する前には，制動装置の機能，操縦装置の機能，荷役装置の機能，車輪の異常の有無，前照灯や警音器の機能について点検を行う。

② 構内運搬車の最大積載荷重を超えて運搬しない。

③ 構内運搬車に一つの荷で100kg以上のものを積む場合には，作業指揮者を決め，その者の指揮に従い作業をする。

（4）　貨物自動車

貨物自動車等を運転する労働者は，労働災害及び交通労働災害を防止するため，事業者の指示など必要事項を守り，事業者に協力して労働災害の防止に努めなければならない。

貨物自動車による運搬における安全対策は，次のとおりである。

① 制動装置，運転席の安全ガラス，前照灯，尾灯，方向指示器，警音器，鏡及び速度計を備える。

② 最大積載量を超えて使用しない。

③ 最大積載量が5t以上の貨物自動車に荷を積卸したり，ロープ・シート掛けを行ったりするときは，床面と荷台上の荷の上面との間に昇降設備を設ける。

④ 1個が100kg以上の荷を積卸しするときは，作業指揮者を定め，作業の直接指揮を行わせる。

⑤ あおりのない貨物自動車には労働者を乗車させてはならない。あおりのある荷台に乗車させるときは，あおりを閉じ，荷の移動による墜落がないような措置をとる。

労働者は墜落する箇所や労働者の身体の最高部が運転席の屋根の高さ（荷の高さがこれを超えるときは，荷の高さ）を超える箇所に乗車しない。

⑥ 最大積載量が5t以上の貨物自動車の荷の積卸しやシート掛け，取り外しを行うときは，保護帽を着用する。

2.2　建設機械

最近の建設工事においては，その大型化，新工法の開発，省力化等に伴って機械化が進んでいる。中でもショベル系掘削機械・トラクター系機械等に代表される車両系建設機械は，様々な工事現場で使用されている。

　このことは，工期の短縮，省力化等を進め，掘削面の下方での作業を減少させるなどの効果を上げ，土砂の崩壊・落下等による災害を減少させることに寄与した。しかしその反面，狭い工事現場に大きなエネルギーをもつ建設機械が導入されることによる災害の増加も，見逃すことのできない問題である。

（1）　車両系建設機械

　「安衛法」では，車両系建設機械（動力を用い，不特定の場所に自走することができる建設機械）を危険機械として種々の規制をしているが，その主要な種類は次のとおりである。

　①　ブル・ドーザー，トラクター・ショベル，ずり積機等の整地・運搬・積込み用機械

　②　パワー・ショベル，ドラグ・ショベル，クラムシェル等の掘削用機械

　③　くい打機，くい抜機，アース・ドリル等の基礎工事用機械

　④　ローラー等の締固め用機械

　⑤　コンクリートポンプ車のコンクリート打設用機械

　⑥　ブレーカ等の解体用機械　　　など

　また，車両系建設機械には含まれないが，近年多く使用されている高所作業車についても，車両系建設機械と同様の規制が行われている。

　建設用機械による災害で最も多いのは，上記の車両系建設機械等によるものであり，機械の機種別では，ドラグ・ショベル（バックホー）によるものが圧倒的に多く，パワー・ショベル，ブレーカ，高所作業車，くい打機によるものがそれに続いている。

　また，災害の型別でみると，建設用機械に挟まれ，巻き込まれる災害，道路の路肩や傾斜地から転落したり，運転中に転倒したことによる災害，アーム・カウンタウエート等に激突される災害が多い。

　以下に，建設用機械のうち，災害が多い車両系建設機械及び高所作業車に対する災害防止対策の基本的な事項について述べる。

a　作業計画の樹立

　①　作業場所の地形，地質の状態等に適応した具体的な作業計画を立てる。

　②　作業計画には，機械の種類・能力・運行の経路，作業の方法等が示されていること。

　③　車両系建設機械については，ガス導管等の地下埋設物の状況を事前に十分調査する。

　④　各種の作業が混在して行われる現場では，作業間の連絡及び調整を十分に行う。

b　機体本体の安全対策

　①　機械を安全に使用するためには，構造規格に適合するよう十分に整備したものを使用する。

　②　「安衛則」で定める定期自主検査（年次及び月例）並びに作業開始前の点検を確実に行い，

　　　異常があれば直ちに補修する。

③　定期自主検査は，検査者としての資格を有する者に行わせる。

④　機械の作業装置や荷役装置を上げた状態で点検整備を行うときは，安全ブロックや安全支柱を使用し，不意の落下を防止する。

⑤　修理又は作業装置の装着・取り外しには，作業指揮者を定めて指揮させる。

c　作業時の安全対策

①　機械の運転操作は，指定教習機関の行う技能講習を修了した者等（機械の規模又は機種によっては特別教育を受けた者でもよい）それぞれの機械に応じた資格を有する者に行わせる。

②　定められた制限速度及び作業方法を守る。

③　軟弱な路肩等には近づかない。やむを得ず近づくときは，必ず誘導者の誘導による。

④　機械の構造上定められている能力の範囲内で作業を行う。また，機械は主たる用途以外の用途に原則として使用しない。

⑤　車両系建設機械については，運転中の機械に接触するおそれのある箇所に作業者を立ち入らせない。

d　機械の移送時における安全対策

移送するために貨物自動車に機械を積卸しするときは，次によらなければならない。

①　平たんで堅固な場所で行う。

②　道板を使用するときは，長さ，幅及び強度が十分なものを用い，適当な勾配で確実に取り付ける。

③　盛土，仮設台等を使用するときは，幅，強度及び勾配を十分に確保する。

（2）　軌道装置（クレーン，デリック）

　クレーンやデリック，移動式クレーン等は荷を動力を用いてつり上げ，それを水平に移動し，所定の位置まで運搬する機械である。また，エレベーターは荷を上下に運搬する機械である。

　クレーンや移動式クレーンでは，巻上げ用ワイヤロープを介して，フックに取り付けた玉掛け用ワイヤロープに荷を掛けてつり上げる。つり上げたときに荷が傾き，玉掛け用ワイヤロープから荷が外れたり，玉掛け用ワイヤロープと荷の間に手を挟んだり，点検をしていない玉掛け用ワイヤロープが荷の重量に耐えきれずに切断し，荷が墜落したりして被災する。

　また，荷上げ，荷卸し，荷の運搬の際に荷が振れ，その荷に挟まれたり，ぶつかったり，巻上げ用ワイヤロープが切断してつっている荷が落下し，その下敷きになる災害等がある。まれに，クレーンでつり上げることができる能力を超えた重量の荷をつったために，クレーンが転倒したりして，倒れてきたクレーンやつり荷に挟まれたりする災害も発生している。

a　クレーン・デリック，移動式クレーンによる運搬作業における安全対策

① 　クレーン・デリック等の運転や玉掛け作業は，所定の資格をもった者が行う。

② 　クレーン・デリック等の運転や玉掛け作業は，一定の合図を決め，それに従って作業を行う。

③ 　運転者と玉掛け作業者は，常に合図をする者の合図に従って行動する。

④ 　運転者は作業開始前，自分が運転する機械について所定の箇所を点検し，給油をする。

⑤ 　クレーン・デリック等の能力を超えた重量の荷をつらない。

⑥ 　玉掛け作業は決められた手順に従って作業を行い，荷の安定を見てから，つり上げ合図を送る。

⑦ 　運転者は荷をつったまま運転席を離れてはならない。また運転席から離れる場合には，主電源を切ってから離れる。

⑧ 　運転者は，荷の状態を常に確認しながら必要な高さを保ち，荷を振らさないようにして運搬する。

⑨ 　運転者は，荷の下に人間がいないことを確認しながら運搬するとともに，玉掛け合図者は，荷の下に人間が入らないよう監視し，荷の下を通ろうとする者を制止しなければならない。

⑩ 　クレーン・デリック等で人間を運搬してはならない。

b　クレーン・デリック等で使用する玉掛け用具に関する安全対策

クレーン・デリック等に用いる玉掛け用具には，ワイヤロープ，つりチェーン，繊維ロープが使用される。

これらの用具を用いて玉掛け作業を行おうとするとき，その日の作業を開始する前に点検を

し，異常の有無について確認し，異常のあるものは廃棄するか補修をしてから使用する。また，玉掛け用具の能力に従って色分けしておくと，能力以上の重量をかけてしまうといった使用時の間違いが少なくなる。

c　その他の関係機器・用具として，ワイヤロープの安全対策

① 廃棄基準に達している玉掛け用ワイヤロープは使用しない。

② キンクしたものや腐食したもの，著しく形崩れしたものは使用しない（本章第6節参照）。

③ ワイヤロープの損傷を防止するため，正しい角度でつり，過荷重にならないようにする。また，荷の角などワイヤロープの傷つきやすいところには，必ず当てものをする。

④ エンドレスでないワイヤロープの両端に，フック，シャックル，リング，又はアイが備わっているものでなければ玉掛けには使用しない。

d　つりチェーンの安全対策

① 廃棄基準に達している玉掛け用つりチェーンは使用しない。

② 亀裂のあるものは絶対に使用しない。

③ 常に正しい角度で使用し，過荷重にならないようにする。

④ ねじれた状態で使用したり，荷の下から引きずり出したりしない。

⑤ チェーンのリンクにフックの先端を押し込んだり，リンクにピン等を差し込んで短くしたりして使用しない。

⑥ エンドレスでないつりチェーンの両端に，フック，シャックル，リング，又はアイが備わっているものでなければ玉掛けには使用しない。

e　繊維ロープの安全対策

① ストランドが切断している繊維ロープは使用しない。

② 腐食や著しい損傷のあるものは使用しない。

③ 鋭い角のあるつり荷をつる場合には，必ず当てものをする。

④ 少しの傷や腐食でも強度が大きく低下するので，慎重に点検する。

⑤ 水でぬれたときに乾燥する場合，乾いた場所に緩く巻くか，掛けて乾かす。また，決して熱を加えない。

なお，クレーン・デリック等の運転及び玉掛けの業務は，「安衛法」により一定の資格を有する者でなければ業務に就けないと定められている。これらの資格は，その業務に応じてそれぞれ都道府県労働局長の免許，指定教習機関の技能講習修了等の資格として定められている。このほか，これらの業務に準じるものとしてクレーン等の運転に関する特別教育の制度がある。それぞれの種類ごとの資格等は「巻末資料3」に記載している。

第3節　型枠支保工の安全作業

3.1　材　　料

　型枠支保工の材料には，著しい損傷，変形又は腐食のあるものを使用してはならない。また，使用する支柱，はり，又は，はりの支持物の主要な部分の鋼材については，日本産業規格（JIS）に適合するもの，又は JIS が定める方法による試験で認められるものでなければ使用してはならない。

　型枠の形状，コンクリートの打設の方法等に応じた堅固な構造のものでなければ，使用してはならない。

3.2　組立て等の場合の措置

　型枠支保工の設計は，次に定めるところによらなければならない。
① 　支柱，はり，又は支柱等が組み合わされた構造のものでないときは，設計荷重によりその支柱等に生じる応力の値が当該支柱等の材料の許容応力の値を超えないこと。
② 　支柱等が組み合わされた構造のものであるときは，設計荷重がその支柱等を製造した者が指定する最大使用荷重を超えないこと。
③ 　鋼管枠を支柱として用いるものであるときは，当該型枠支保工の上端に，設計荷重の2.5/100に相当する水平方向の荷重が作用しても安全な構造のものとする。
④ 　鋼管枠以外のものを支柱として用いるものであるときは，当該型枠支保工の上端に，設計荷重の5/100に相当する水平方向の荷重が作用しても安全な構造のものとする。

（1）　組　立　図

　型枠支保工は，支柱，はり，つなぎ，筋かい等の部材の配置，接合の方法及び寸法が示されている組立図を作成し，それに従って組立てなければならない。

3.3　型枠支保工についての措置等

① 　敷角の使用，コンクリートの打設，くいの打込み等支柱の沈下を防止するための措置をとる。
② 　支柱の脚部の固定，根がらみの取り付け等，支柱の脚部の滑動を防止するための措置を

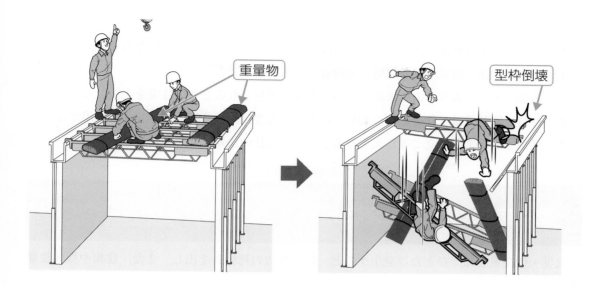

とる。

③　支柱の継手は，突合せ継手又は差込み継手とする。

④　鋼材と鋼材との接続部及び交差部は，ボルト，クランプ等の金具を用いて緊結する。

⑤　型枠が曲面のものであるときは，控えの取り付け等，当該型枠の浮き上がりを防止するための措置をとる。

⑥　H型鋼等を大引き，敷角等の水平材として用いる場合であって，当該H型鋼等とするときは，接続する箇所に補強材を取り付ける必要がある。

⑦　次のものを支柱として用いる場合，若しくはその作業については，「安衛則」に定めるところによらなければならない。

　1）　鋼管を支柱として用いるもの

　2）　パイプサポートを支柱として用いるもの

　3）　鋼管枠を支柱として用いるもの

　4）　組立て鋼柱を支柱として用いるもの

　5）　木材を支柱として用いるもの

　6）　はりで構成するもの

　7）　敷板，敷角等を挟んで段状に組み立てるもの

　8）　コンクリートの打設の作業を行うもの

3.4　コンクリートの打設の作業等

　作業前に，当該作業に係る型枠支保工について点検し，異常を認めたときは補修する。作業中に型枠支保工に異常が認められた際，作業を中止するための措置をあらかじめ講じておく必

要がある。

　また，組立て又は解体の作業を行うときは，次のことを遵守しなければならない。

①　作業域には，関係労働者以外の労働者の立ち入りを禁止する。

②　強風，大雨，大雪等の悪天候のため，危険が予想されるときは作業を実施しない。

③　材料，器具又は工具を上げ，若しくは下ろすときは，つり綱，つり袋等を使用する。

④　型わく支保工の組立て等作業主任者が，作業方法の決定，作業の指揮をする。

第4節　火災及び爆発防止

　火災・爆発災害は，ひとたび発生すると一時に多数の死傷者を出し，また，建物や機械設備等にも大きな被害をもたらす。

　火災を防ぐためには，建物等の不燃化や難燃化を進めるとともに，防火管理を徹底して出火させないようにすることが基本であるが，それと同時に，万が一出火した場合には機敏な初期消火活動ができるように適切な消火設備を備えて，平素から消火訓練等を十分に行っておく必要がある。

　また，爆発しやすい物質の性質をよく認識し，その取り扱いや貯蔵を適切に行い，併せて点火源を与えないようにすることが大切である。

4.1　燃焼と爆発

　燃焼とは，可燃性物質と酸化剤（一般には酸素）との結合により生じる化学反応である。しかし，これは大きな発熱を伴う酸化反応である。化学反応の速度は温度が上昇すれば急激に進むことから，燃焼のような発熱反応はいったん始まると，その発熱によって温度が急上昇し，そのため反応速度が促進され，さらに温度上昇を来して，燃焼速度は指数曲線を描いて上昇する。その結果として，急激なガスの膨張をもたらし破壊が行われる。

　これが爆発という現象である。燃料の燃焼や火事が爆発にならないのは，燃焼に必要な酸素が空気から供給されているので，発熱は空気で冷やされ，燃焼速度がそれほど早くならないからである。しかし，燃焼という現象は条件によって爆発にまで進む性格をもっている。

（1）　発　火　点

　可燃性物質が，空気と接触した状態で徐々に加熱されると，外部から直接火気を近づけなくても，一定の温度に達すると発火する。その最低温度を発火点という。

　一般に，酸素との親和力の大きい物質ほど発火点が低く，発火しやすい傾向がある。

（2）　引　火　点

　可燃性液体が，その表面の近くの空気中において，引火するのに十分な濃度のガス又は蒸気を生じる最低温度を引火点という。

　もし，可燃性液体の温度がその引火点より高いときは，火源との接触によって引火する危険が常にある。したがって，引火点が比較的低い可燃性液体は，非常に危険性が高く，これを引火性料品という。

（3）　爆　発　限　界

　可燃性ガス，引火性の液体又は可燃性の粉じんが，空気又は酸素と混合している場合で，混合ガスの組成の割合が，ある濃度範囲内にあるときは，これに着火すれば，火炎は一瞬にして混合ガス中を伝ぱし，爆発を起こす。

　この濃度の範囲を爆発範囲といい，爆発範囲の最低濃度を下限界，最高濃度を上限界，これらの限界値を爆発限界という。下限界及び上限界は可燃性ガス（蒸気又は粉じん）の混合ガスに対する容積％（粉じんは空気中の単位体積当たり重量）で表す。爆発限界の広いものほど爆発の危険性が高い。

（4）　点　火　源

　不飽和の油脂類等は，それ自身の酸化反応で反応熱が蓄積して自然に発火することがある。しかし，可燃性ガスの空気混合物等では，外部から発火に必要なエネルギーが与えられなければ火炎は発生しない。つまり，ガス爆発の原因の一つには必ず何らかの点火源が存在するのである。

　点火源としては，火炎，高熱物，溶接火花，衝撃，摩擦，静電気火花，電気機器のスパーク，ガスの断熱圧縮による高温等がある。

　そこで，可燃性ガスや引火性液体の漏えいのおそれがある場所では，火気の使用を禁止し，溶接作業を行わせないようにしたり，電気機器を防爆構造にしたりするなど，点火源を作らないようにしなければならない。

4.2　爆発性の物質，発火性の物質等による火災，爆発の防止

（1）　爆発性の物質

　硝酸エステル類，ニトロ化合物，有機過酸化物等の爆発性の物質は，可燃性物質であるとともに酸素供給物質であり，極めて爆発しやすい物質である。加熱，衝撃，摩擦により，多量の熱とガスを発生し，激しい爆発を起こす危険性をもっている。

表9−3に主要な爆発性の物質の性状を示す。これらを作業場へ持ち込む際は，最小必要限度とし，その取り扱いは慎重に行い，みだりに火気その他の点火源となるおそれのあるものに接近させたり，加熱や摩擦をしたり衝撃を与えたりしてはならない。

表9−3　爆発性の物質の性状

物　質　名		性　　状
硝酸エステル類	ニトログリコール	無色，不凍性，液体，凝固点−23℃
	ニトログリセリン	淡黄色，油状，液体，発火点270℃
	ニトロセルロース（硝化綿）	白色，綿状又は粉末，発火点137〜186℃
	硝酸エチル	無色，透明，液体，引火点10℃
ニトロ化合物	トリニトロベンゼン	黄色，結晶
	トリニトロトルエン（TNT）	淡黄色，結晶，発火点230℃
	ピクリン酸（黄色薬）	輝黄色，結晶，発火点300℃
	テトリル	橙黄色，粉末，発火点185〜195℃
	ヘキソーゲン	白色，粉末
有機過酸化物	過酢酸	刺激臭，腐食性，無色，液体
	メチルエチルケトン過酸化物（メチルエチルケトンパーオキシド）	無色，液体，引火点＞58℃，分解点125℃，発火点205℃
	過酸化ベンゾイル（ベンゾイルパーオギシド）	無色，結晶，衝撃や熱で容易に分解爆発，発火点125℃
	過酸化アセチル（アセチルパーオキシド）	昇華性，白色，結晶，熱すれば爆発，引火点45℃
	ラウロイルパーオキシド	白色，粉末

（2）　発火性の物質

発火性の物質には，通常の状態においても発火しやすい物質で，カーバイドや金属ナトリウムのように水（水分）と接触して可燃性ガスを発生して発熱・発火したり，黄りんのように空気（酸素）と接触して発火したりするものなどがある。

表9−4に，主要な発火性の物質の性状を示す。これらは，それぞれの種類に応じて，みだりに火気その他の点火源となるおそれがあるものに接近させないこと，酸化性のもの，空気（酸素）又は水に接触させないこと，加熱したり衝撃を与えないことなどが大切である。

（3）　酸化性の物質

酸化性の物質は，単独では発火や爆発等の危険はないが，可燃性の物質や還元性物質と接触したときは，衝撃や点火源等により，発火や爆発等を起こす危険性をもっている。

表9−5に主要な酸化性の物質の性状を示す。これらは，みだりに分解を促すおそれがあるものに接触させたり，加熱や摩擦したり，又は衝撃を与えたりしてはならない。

表9－4　発火性の物質の性状

物　質　名		性　　状
アルカリ金属	金属リチウム	銀白色，結晶，水と発熱反応して水素を発生
	金属ナトリウム	銀灰色，軟らかい固体，水と発熱反応して水素を発生
	金属カリウム	銀白色，軟らかい固体，水と発熱反応して水素を発生
りん及び りん化合物	黄りん	淡黄色，固体，空気中で発火，発火点50℃
	赤りん	赤褐色，粉末，発火点260℃
	硫化りん	黄色，固体，発火点100℃
	炭化カルシウム（カーバイド）	灰黒色，固体，水と反応しアセチレンを発生
	りん化石灰（りん化カルシウム）	赤褐色，結晶，水と反応して発火しやすいりん化水素を発生
金属粉	マグネシウム粉	銀白色，粉末，酸，アルカリ，温水と反応し水素を発生，燃焼しやすい
	アルミニウム粉	銀白色，粉末，酸，アルカリ，水と反応し水素を発生，着火しやすい
	亜鉛粉	銀白色，粉末，酸，アルカリと反応し水素を発生
	セルロイド	自然発火性，発火点約165℃

表9－5　酸化性の物質の性状

物　質　名		性　　状
塩素酸塩類	塩素酸カリウム（塩素酸カリ，塩ぽつ，塩酸クロル酸カリ）	無色，結晶又は白色，粉末
	塩素酸ナトリウム（塩素酸ソーダ）	無色，結晶
	塩素酸アンモニウム（塩素酸アンモン）	白色，結晶
	塩素酸カルシウム（塩素酸石灰）	無色又は微黄色，固体
	塩素酸バリウム	無色，固体
過塩素酸塩類	過塩素酸カリウム（過塩素酸カリ）	無色，結晶
	過塩素酸ナトリウム（過塩素酸ソーダ）	白色，結晶
	過塩素酸アンモニウム（過塩素酸アンモン）	白色，結晶
無機過酸化物	過酸化カリウム（過酸化カリ）	白黄色，結晶
	過酸化ナトリウム（過酸化ソーダ）	黄白色，結晶
	過酸化水素	無色，液体
	過酸化バリウム	無色，結晶
	過酸化マグネシウム	白色，結晶
硝酸塩類	硝酸カリウム（硝酸カリ）	無色又は白色，結晶
	硝酸ナトリウム（硝酸ソーダ）	無色又は白色，結晶
	硝酸アンモニウム（硝酸アンモン）	白色，結晶，180℃で分解

4.3　引火性の物質の火災，爆発の防止

（1）　引火性の物質の危険性

　引火性の物質は，火を引きやすい可燃性の液体であって，液体が直接引火して火災を生じる危険性のほか，その液体の表面から蒸発した可燃性の蒸気と空気との混合気による爆発の危険性をもっている。

　引火性の物質の引火危険性は，その引火点によって判断することができる。一般に，引火点が低いものほど液体表面からの蒸気発生が盛んで，引火の危険性は大きい。

　石油類の例でみると，ガソリンは引火点が−20℃以下であり，常温でガス化して着火しやすい。灯油は常温では安全であるが，液温が引火点以上の場合や，液温が引火点以下であっても霧状の細粒となって空気中に浮遊する場合には，ガソリンと同じような危険性をもつことになる。

　引火性の液体は，ほとんどが空気より重いので，床面，地面等に沿って低滞・拡散し，思いがけなく遠くまで到達することがある。特に，曇天・無風等の条件下では遠距離まで低滞・拡散する。溝のような所に流入したときは，到達距離がさらに大きくなり，またピット等の低所ではいつまでも滞留することがあり，思わぬ災害の原因となることがある。

　一定の体積を占める蒸気の質量を蒸気密度といい，一般に，空気＝1としたときの蒸気の比重で表す。分子量の大きいものほど蒸気密度は大きく，蒸気密度が大きいほど重いので，低いところに遠くまで流れやすい。

　表9−6に主要な引火性の物質の性状を示す。

（2）　火災，爆発の防止対策

　引火性の物質の取り扱いは，原則として引火点以下の温度において行うべきであり，加熱することはできるだけ避けなければならない。もし，常温以下の引火点のものを取り扱う場合や，引火点以上に加熱することが必要な場合には，液体の漏えいはもちろんのこと，蒸気の漏出を防止できるものとする必要がある。

　蒸気の漏出を防げない場合には，屋内で蒸気が滞留することを防ぐために，引火性の液体を取り扱う設備は屋外に設置する必要がある。やむを得ず，屋内に設置する場合は，十分な換気・通風を考慮しなければならない。

　このほか，火災・爆発の防止のために，次のような対策を講じる必要がある。

　①　引火性液体の製造又は取り扱いは，爆発範囲外の濃度で行う。それができない場合には，不活性ガスによるシール，その他の安全な方法で行うべきである。また，試運転や運転停止後の修理作業においても，爆発範囲の混合気ができないように除去する必要がある。

表9−6　引火性の物質の性状

物質名	引火点 [℃]	爆発限界 [容量%]	発火点 [℃]	蒸気密度 [空気＝1]
アクリロニトリル	0	3.0〜17	481	1.8
アセトアルデヒド	−37.8	4.1〜55	185	1.5
アセトン	−17.8	2.6〜12.8	538	2.0
イソブチルアルコール	27.8	1.7〜10.9	426	2.6
イソプロピルアルコール	11.7	2.0〜12	399	2.1
エチルアルコール（エタノール）	12.8	4.3〜19	423	1.6
エチルエーテル	−45	1.9〜48	180	2.6
エチルベンゼン	15	1.0〜	432	3.7
ガソリン	−43〜−20	約1.4〜7.6	約300	3〜4
キシレン（−O）	17.2	1.0〜6.0	464	3.7
クロルベンゼン	32.2	1.3〜7.1	638	3.9
軽油	＜50	1 〜 6	257	
酢酸（氷酢酸）	42.8	5.4〜16.0	427	2.1
酢酸（無水酢酸）	53.9	2.7〜10	316	3.5
酢酸エチル	−4.4	2.5〜9.0	426	3.0
酢酸ビニル	7.8	2.6〜13.4	426	3.0
酢酸ブチル	22.2	1.7〜7.6	421	4.0
酢酸メチル	−10	3.1〜16	502	2.6
酸化エチレン	＜−17.8	3.0〜100	429	1.5
酸化プロピレン	−37.2	2.1〜21.5		2.0
シアン化水素（青酸）	−17.8	6 〜41	537	0.9
ジエチレンオキシド	12.2	2.0〜22	180	3.0
シクロヘキサノン	43.9	1.1〜	420	3.4
シクロヘキサン	−17.2	1.3〜8	260	2.9
重油	＞60		254〜263	
シンナー	ベンゼン，トルエン，キシレン，酢酸エチル，酢酸ブチルなどの混合溶剤			
スチレン	32.2	1.1〜6.1	490	3.6
石油エーテル	＜−18	1.1〜5.9	245	2.5
石油ベンジン	＜−18	1.1〜4.8	246	4.5
ソルベントナフサ	22〜27	1.1〜6.0	482〜510	
テレビン油	35	0.8〜	240〜254	4.9
灯油（白灯油）	30〜60	1.1〜6.0	254	4.5
トルエン	4.4	1.4〜6.7	536	3.1
二塩化エチレン（ジクロルエタン）	13.3	6.2〜16	413	3.4
二硫化炭素	−30	1.3〜44	100	2.6
n−ブチルアルコール	28.9	1.4〜11.2	343	2.6
n−プロピルアルコール	15	2.1〜13.5	373	2.1
n−ヘキサン	−21.7	1.2〜7.5	234	3.0
ベンゼン	−11.1	1.4〜7.1	562	2.8
メチルアルコール（メタノール）	11.1	7.3〜36	464	1.1
メチルエチルケトン	−6.1	1.8〜10	516	2.5

② 　石油類のような導電性の悪い液体の取り扱いや輸送に際しては，流動，摩擦，その他により静電気が発生しやすいので，配管や取り扱う機器にアースやボンドをつけるなど，静電気の放電を図る。

③ 　可燃性蒸気が漏えいするおそれのある場所は，付近に点火源を存在させないように点火源の管理を適切にする。

④ 　容器類の設計に当たっては，操業時の圧力，最大使用圧力，最大爆発圧力を基礎として考える。

　　爆発が起こっても容器が破裂しないように十分強固なものとし，又は不測の圧力上昇による容器の破壊を防止するために適当な圧力装置等を設ける。

⑤ 　操業中の停電は大きな混乱を招くものであり，往々にして火災発生の危険をもつものであるので，停電時に備え，予備電源の設置等の措置を講じておく。

⑥ 　配管や機器からの可燃性ガスや蒸気の漏えいを防ぐため，設備を設置したときはもちろん，使用中も常に設備が完全な状態にあるように点検・整備を怠らない。

⑦ 　機器の誤操作を防ぐため，できるだけ自動制御機構を採用すること。また紛らわしいバルブの配置を避け，かつ，バルブには開閉状態の表示を明確にする。

　　誤操作をなくすためにインターロック方式にすることが望ましい。

⑧ 　火災が起こった場合の延焼を防止するため，装置間に適切な保安距離を保つ。

⑨ 　必要な箇所に火災を消火し，又はコントロールするための防火設備を設ける。

4.4　可燃性ガスによる火災，爆発の防止

(1)　可燃性ガスの危険性

可燃性ガスとは，常温，常圧において気体となっている可燃性のものをいう。これが空気，酸素，その他の酸化性の気体とある一定の濃度範囲，すなわち爆発限界内に混合しているときに点火源を与えられると，火炎が急速に混合ガス中を伝ぱし，爆発を起こす。

表9-7に主要な可燃性ガスの性状を示す。

可燃性ガスが漏えいしたとき，爆発性混合ガスを形成するかどうかは，可燃性ガスの比重や作業場所の通風状態等に大きく左右される。例えば，屋外の通風のよい場所では，少量の可燃性ガスが漏れてもすぐに空気中に拡散してしまい，爆発範囲の濃度になりにくいので，爆発を引き起こすことは少ない。しかし，広い場所でも多量の可燃性ガスが漏れたり，風のないときにＬＰガス等の比重の大きい可燃性ガスが漏れたりすると，爆発性混合ガスを形成して爆発危険性のある状態になることがある。

また，船舶の二重底や船倉等の内部，タンクの内部，区画された部屋の内部のように，通風又は換気のよくないところでは，少量の可燃性ガスが漏れても爆発性の混合気体を形成するお

表9－7 可燃性ガスの性状

物質名	爆発限界 [容量%]	発火点 [℃]	比重 [空気＝1]	沸点 [℃]
アセチレン	2.5～100	299	0.9	－83.3
アンモニア	16～25	651	0.6	－33.3
一酸化炭素	～74	609	1.0	－192.2
エタン	3.0～21.5	515	1.0	－89.0
エチレン	3.1～32	450	1.0	－103.9
塩化ビニルモノマー	4.0～22	472	2.2	－13.9
水素	4.0～75	585	0.9	－252.2
ブタン	1.9～ 8.5	405	2.0	－0.6
1－ブテン（ブチレン）	1.6～ 9.3	384	1.9	－6.1
プロパン	2.2～ 9.5	466	1.6	－42.2
プロピレン	2.4～10.3	410	1.5	－47.2
ホルムアルデヒド	7.0～73	430	1.0	－21.1
メタン	5.3～14.0	537	0.6	－161.7
メチルエーテル	3.4～18	350	1.6	－23.9
硫化水素	4.3～45	260	1.2	－60.0
石炭ガス	6.5～36 5.3～33	560～647	0.4～0.6	
都市ガス（例）	6～35			
水性ガス	6.0～70		0.5～0.7	
発生炉ガス	20.7～74		0.8～0.9	

それがある。通風の悪い場所におけるガスの滞留性は，単一のガス，混合ガスのどちらでも，そのガスの空気に対する比重によって判断することができる。

　可燃性ガスの爆発危険性としては，爆発性混合ガスの形成によるもののほか，分解爆発がある。分解爆発とは，分解爆発性ガスにより起きるが，支燃性ガスがなくてもそれ自身がエネルギーを与えられることによって分解を起こし，火炎を発生して爆発する現象をいう。分解爆発は高圧下では，発火に必要とされるエネルギーが小さく，爆発が起こりやすく，圧力を下げていくと火炎が広がらなくなる。分解爆発を起こす代表的なものはアセチレンで，このほかにエチレン等も分解爆発を起こす。

　酸素は，可燃物の燃焼を支える性質（支燃性）をもっているので，酸素中では燃焼の状況が空気中とは著しく異なる。例えば，可燃性ガスや粉じんの発火点は，酸素中では相当低下するし，爆発限界も空気中の場合に比べて広くなる。このほか，空気中では燃えにくいがガスや蒸気も酸素中では発火し，条件によっては爆発することもある。

　また，可燃性ガスの火炎温度も酸素中では高くなり，酸素が漏れているような場所で衣服が

燃え上がると，その火炎温度が高く燃焼速度も早くなるため，重い火傷を負うことになる。

（2）　火災，爆発の防止対策

可燃性ガスによる爆発を防止する方法として，以下の三つが挙げられる。

①　爆発を起こし得る混合ガスを作らない。

②　爆発を起こすような点火源を除去する。

③　爆発火炎の拡大及び爆発の圧力効果を減少させる。

可燃性ガスによる火災・爆発を防止するための具体的対策を挙げると，次のとおりである。

①　大気中に可燃性ガスを漏えい，又は放出させない。

　　万一漏えいしても危険のないよう，製造・取り扱い機器は屋外に設置することが望ましい。屋内に設置する場合は，十分な換気・通風の措置を行う必要がある。

②　可燃性ガスを製造し，又は取り扱う作業場内やその付近に点火源を存在させない。

③　可燃性ガスの製造，取り扱い等をする容器・タンク等の設計，異常事故時の圧力放出装置，停電時の予備電源等の対策，配管や機器類の点検整備と誤操作防止，火災発生時の対策等については，引火性のもの（前項4.3（2））において述べたと同様の措置をとる。

④　アセチレンやLPガスでガス溶接等を行う場合には，点火源を除くことは不可能であるので，可燃性ガスを漏らさないようにするとともに，通風，換気のよい広い場所で作業をする。やむを得ず狭い場所で作業するときは，十分な換気を行い，ガスが漏れてもすぐに排出でき，爆発範囲のガス濃度とならないようにしておく必要がある。また，必要に応じて逆火防止器，水封式安全器等を設置しなければならない。

⑤　ガス溶接等に用いられるガス容器の取り扱いに当たっては，次の事項を守る。

　1）　移動や運搬に当たっては，バルブを完全に締め，また，キャップを確実にねじこむ。

　2）　引きずったり，倒したり，ぶつけたり，その他乱暴な取り扱いをしない。

　3）　容器の温度は，40℃以下に保つ。

　4）　使用，貯蔵の際は，通風・換気の不十分な場所，火気を使用する場所，危険物や多量の燃えやすい物を取り扱う場所を避ける。

　5）　使用する場合は，容器の口金の油類やじんあいをよく拭き取り，また，バルブの開閉は静かに行う。

　6）　空の容器は，「使用済」，「空」などと表示し，充てんされた容器と明白に区別しておく。

　7）　容器やバルブ以外の部分からの漏れで着火し，火勢が強くてバルブ操作ができない場合等には，ドライケミカル・炭酸ガス，又は大量の水等で消火するとともに，着火していない他の容器は大量の水で速やかに冷却する。

　8）　消火後周囲が加熱されている場合には，再び着火することがあるので，容器を十分

に冷却する。

　なお，消火不能の場合には，容器を安全な場所に移動させてこれを監視するとともに消防署に連絡する。

4.5　一般火災の予防

（1）　火気の使用制限

工場内で使用する火気には，おおむね表9−8に示すようなものがある。

火気使用に対する規制を厳重にするため，以下のように区分して，それぞれ必要な規制をすることが望ましい。

①　設備的な検討を必要とするもの（作業工程中のもの）

②　使用条件の適否等を吟味して，その使用を原則として許可制にするもの（作業上の火気で，工程中のもの以外のもの）

③　使用を制限して許可するもの（作業外の火気の全部）

表9−8　火気の種類

区分		火気の種類
作業上の火気	工程中のもの	乾燥室，火炉，煙突及び煙道，電気設備，反応炉，内燃機関の排気管など
	作業中のもの	ガス溶接（溶断）の火気，アーク溶接のアーク，電動工具類，トーチランプ，ドライビット，たがねなど衝撃による火花など
作業外の火気	採暖用のもの	たき火，ストーブ類など
	湯沸用のもの	電熱器，湯沸器など
	その他のもの	喫煙，懐炉など
自然発火のおそれのあるもの		黄りん，金属ナトリウム，油脂類，山積みした石炭，カーバイド，生石灰など
静電気による火花		回転中のベルト，ガソリンやベンゼンなどの流動，ろ過など

（2）　初期消火

初期消火は，第4節の冒頭でも述べたとおり，火災による被害を最小限度に食い止めるためには不可欠の活動である。

消火器等の使用方法は，関係者全員が知っていなければならない。また，消防署への連絡要領等もあらかじめ定めておくことが必要である。

（3）　避　　　難

避難の目的は，緊急な事態において生命の危険を避けることである。とっさの場合に対処するためには，普段の準備と訓練が大切である。日ごろから避難口の確保や表示の徹底，避難用設備の点検整備を怠らないようにするとともに，火災や爆発等の災害を想定した避難訓練を適宜実施することが望ましい。

4.6　高熱物の取り扱いと運搬

工場には，多かれ少なかれ，高熱物が存在する。例えば，金属精錬や鋳造，鍛造，熱処理等においては，多量の溶融金属や赤熱金属が取り扱われ，生石灰，ガラス，セメント，陶磁器等の製造においても多量の高熱物が取り扱われている。また，これらの職場には，製造工程や加工工程，規模の大小によって異なるが，様々な火炉やそれに付属する設備がある。このような特殊の工場ばかりでなく一般の工場においても，高熱物は気体，液体あるいは固体など様々な状態で存在する。

高熱物は，その性質，状態，温度，位置，量等の条件によって，多種多様の危険性をもっている。例えば，溶融金属は極めて高温で，さらに流動性がある。そのため，取り扱いの際に火傷を受ける機会が多いばかりでなく，水分との接触によって急激に多量の水蒸気を発生し，爆発事故を起こして広範囲に被害を及ぼすことがある。

火傷は，沸騰点に近い湯や油に対する危険性はもちろんであるが，人体が火傷を被るといわれている60℃程度のものにも注意しなければならない。ストーブ等はどこにでもあるもので，通常は危険を感じていない場合が多いが，油じみた作業服を着て火気に近寄ったとすれば，引火して火傷を受ける危険は十分にある。

そこで，高熱物に対する安全心得の第一歩は，まず，自分の職場や作業に関連する高熱物やその設備のもっている危険性について，十分に知っておくことである。

（1）　作業場の整備

高熱物の取り扱い・運搬又は通行等の作業行動を妨げるものは，すべてこれを取り片づけておかなければならない。職場が乱雑になっていると，溶融高熱物をこぼしたり，つまずいたり，逃げ場を失ったりする機会が多くなり，非常に危険である。

また，加熱された原料や材料，製品，型，容器，工具等を作業場内に置く場合には，一定の置き場所を定め，整頓し，作業者がこれに接触することのないよう措置を講じておくこと必要がある。高熱物が散乱していると，余計に気を配らなければならず，うっかりして火傷を受けることにもなる。

　そのため，水で冷却できるものは速やかに冷却し，直ちに冷却ができないものは，危険がない温度に下がるまで一定の場所に集めて，柵やロープ等で囲い，誰でも分かるように表示をしておく必要がある。

　高熱物を取り扱うピット，作業床は常に乾燥させておくようにする。溶融金属や鉱さい等が水分を含んだピット内に流出すると，水蒸気爆発を起こし大きな事故となるからである。

（２）　作業服装と保護具

　高温物を取り扱う際の服装と保護具について，次のような対策を講じる必要がある。

① 　油類，その他の引火性液体（ガソリン，メタノール，ベンゼン等）が染みた帽子や作業服を着用しない。

　　　油類・引火性料品の染みた衣服は引火しやすく，火が付けば早い速度で燃え，かつ，消しにくいので全身火傷を受ける危険性が極めて高い。帽子や，作業服はこうした危険を防止するため，しばしば洗濯をし，油汚れのないものを着用すべきである。

② 　高熱物の飛まつを受けるおそれがある作業に従事する場合は，作業服は皮膚の露出を極力少なくし，かつ，飛まつが襟元や袖口，裾等から入り込まないように着用する。

　　　炉前作業，鋳造作業，熱処理，加熱鍛造等の作業において，上半身が裸で作業をしている姿を見かけるが，これは最も望ましくない。できるだけ肌を出さないようにし，襟元も開いたり，緩めたりしないようにするべきである。

③ 　火傷を防ぐために備えてある保護具類は，着用について規定されているとおり，それらを必要とする作業では必ず着用する。

　　　保護面，保護眼鏡，保護前掛け，耐熱安全靴，保護手袋等の着用を習慣づける。また，これらの保護具が破損や汚れ等により使用できないと認められた場合は，速やかに上司に報告し，新たに支給を受け，整備するようにしなければならない。

④ 　溶融金属や赤熱金属等の高熱物を取り扱う作業に従事する場合には，火傷防止に適した履物を選び，かつ，足首に密着するように履く。

　　　作業用として支給された安全靴等を使用する場合を除き，労働者が自分で用意するものを履くときは，高熱物やその飛まつによる負傷を防ぐために，履物の種類や材料，形，底等が適切なものを選ばなければならない。

（３）　高熱物の取り扱い，運搬

　高熱物の取り扱い，運搬は，以下のような対策を講じなければならない。

① 　高熱物の取り扱い又は運搬は，周囲の状態をよく確かめてから行う。

② 　高熱物を踏んだり，またいだりしない。

③ 　鋳型又はとりべ，その他溶融高熱物を入れる容器類は，使用する前に完全に乾燥し，予

熱しておく。

④　とりべ，その他の容器に溶融高熱物を入れて取り扱う，又は運搬する場合には，あふれるおそれのない程度に入れ，安全な高さを保ち，かつ衝撃を与えないようにする。

⑤　火炉に原料や材料等を入れる場合には，爆発のおそれのある異物が混入しないよう，選別に気を付ける。また，水分の除去に留意する。

⑥　火炉に原料や材料等を入れたり，加熱物を取り出したりする場合には，火炎が吹き出すことがあるので，あらかじめそれに対応できる位置，姿勢で行う。

⑦　ガス炉や重油炉等の点火は定められた作業順序に従って行い，火炎の吹出しによって被災しないよう，適当な位置や作業動作を整えて行う。

4.7　腐食性物質の取り扱いと運搬

職場で取り扱われる種々の有害な固形物，粉末，液体等が皮膚に接触することにより，皮膚障害を起こすことがある。その原因となる腐食性物質は極めて多種類にわたる。その中で圧倒的に多いのは，酸類（塩酸，硫酸，硝酸，ふっ化水素酸，りん酸，酢酸等）及びアルカリ類（か性ソーダ，炭酸ソーダ，アンモニア等）である。

これらの物質は，直接，皮膚や粘膜に作用して薬傷を起こし，吸入されると呼吸器系を侵し，また，目に入り障害を起こして失明に至らせることもある。

酸は，たんぱく質を凝固する性質があり，皮膚組織のえし（壊死）を起こし，火傷と同様の変化をみる。薄い酸による反復刺激，例えば，金属の酸洗い作業等では湿しんのような症状を起こす。

アルカリは皮膚組織を融解し，病変部は深部に達しやすい。症状は酸と同じような腐食を起こす。薄いアルカリ液は皮膚の角質化，亀裂を起こす。

また，クロム塩，ニッケル塩等の金属の塩類や，ひ素，硫黄等も皮膚障害を起こす。そのほか，種々の有機化合物にも特有の湿しん様皮膚炎，ざそう（痤瘡）等を起こすものが多くある。

これらの予防には，障害の原因となる有害物を皮膚に付着させないように，作業工程や作業方式を改良すべきことは言うまでもない。作業後は，入浴や洗面等による洗浄を励行すべきである。さらに人体側の防護として，不浸透性の保護衣，保護手袋の着用，保護クリームの塗布等を行うことが望ましい。

一般的な安全心得としては，次のとおりである。

（1）　腐食性物質を取り扱う作業場

①　腐食性物質の貯蔵所，取り扱い作業場は，できるだけ整理・整頓に努め，腐食性物質のこぼれは速やかに適当な方法でぬぐい去っておくなど，安全な措置をしておく。

②　作業場内には，なるべく作業に必要な最少限度の腐食性物質の持ち込みにとどめる。

③　腐食性物質の貯蔵所，ドラム缶，容器，配管等には，表示ラベルの貼り付けやその他の方法によって，その内容物をはっきり示しておく。

④　腐食性物質を収納した容器は栓を固く閉じ，空容器とははっきり区別しておく。

⑤　瓶，かめなど壊れやすい容器に腐食性物質を入れる場合は，容器をさらに木箱，木枠，かご等に入れておく。また，集積しておく場合には，柵又はロープ等で囲っておく。

⑥　強酸，強アルカリを水で希釈する場合は，水の注入を少量ずつ行う。ただし，濃硫酸の希釈の場合には，水中に少量ずつ硫酸を注入して薄める。

（2）　保護具類

①　腐食性物質の飛まつが顔面に飛来するおそれがある作業においては，所定の保護眼鏡，保護マスク，保護面等を着用する。

②　腐食性物質によって，手，足等を侵されるおそれがある作業においては，所定の手袋，前掛け，脚はん，履物等を着用し，また必要に応じ保護クリームを塗布する。

③　保護具，作業衣等のうち，JISでその性能や基準が規定されているものについては，それに適合した性能を有するものを使用し，かつ，使用前に破損や劣化等については十分点検する。

④　腐食性物質を身体に浴びたり，目に入れたりした場合には，直ちに安全シャワーや洗眼設備で十分に洗い流す。

⑤　安全シャワーや洗眼設備は，機能が完全かどうかを1日1回は点検する。

（3）　腐食性物質の取り扱い，運搬

①　標識不明で内容物がよく分からない腐食性物質は慎重に鑑別し，十分に確かめてから取り扱う。

②　腐食性物質の取り扱い又は運搬には，所定の安全な容器，道具，運搬具及び運搬車を利用する。

③　腐食性物質の取り扱い及び運搬は，漏れやあふれ出しを生じないよう丁寧に行う。

4.8　有害ガス，蒸気及び粉じん

　職場で使用する薬品や各種の物質の中には，製造工程や取扱作業中に有害なガス，蒸気及び粉じんが発生し，労働者がこれらの有害物を受けて健康障害を起こすことが少なくない。

　このような健康障害の起こり方は，急性作用と慢性作用の二つに区別される。これらは起こり方ばかりでなく，引き起こされた障害の症状が互いに異なっていることが多い。

　急性作用による中毒は災害性中毒とも呼ばれるように，機械の故障や漏えい等により，労働者が高濃度のガスや蒸気等を受けて起きることが多い。したがって，障害は急に現われ，症状は重篤となるのが一般である。手当てが遅れたり不十分であると，死に至ることもまれではない。このような障害は災害的に起こり，災害外傷とよく似ている。その予防は災害の原因を除くことにあるので，安全管理の一環として考える必要がある。

　慢性作用による中毒は，同一職場に長期間にわたって働くときに起こる。ただ一度の接触や吸入では急性作用を起こすほどではないものでも，少量また低濃度の有害性物質に繰返しばく露されると身体内に蓄積され，それがある一定量を超えると障害が現れてくるようになる。慢性障害が現れてくる期間は，物質の種類や量によって異なるが，一般に，週あるいは月を単位にして考える。しかし，じん肺や職業性のがん等のように数年又は十数年を単位にして発症するものもある。慢性障害は，労働者に自覚症状も少なく発見は遅れがちで，そのため予防対策も立てられず放任されやすい。

　有害なガス，蒸気及び粉じんが人の体内に入る侵入経路には，呼吸器から吸入されるもの，飲食物や指等によって消化器から入るもの，皮膚粘膜の脂肪や粘液に溶け込んで皮膚粘膜から侵入するものの3種がある。一般に，有害物が呼吸器から入ると，直ちに血中に移行するので有害性が強い。消化器からの場合は，肝臓で解毒され有害性が減少する。

　ところで，ガスや蒸気及び粉じんは，一般に単一の組織，器官にのみ作用することが少ないので，生体作用によって分類することは困難であるが，およその目安を付けるために分けると，次のようになる。

① 　単純窒息性物質

　　窒素や炭酸ガス，メタン，エタン，プロパン等の物質が空気中に多量にあると，呼吸に必要な酸素量が欠乏して窒息する。

② 　化学的窒息性物質

　　一酸化炭素，シアン化合物は，血液と化学作用を呈し，体内において窒息を起こす。

③ 　上気道刺激性物質

　　アンモニア，亜硫酸ガス，ホルムアルデヒド，酢酸メチル，セレン化合物，スチレン等は，鼻，のどを刺激して炎症を起こす。

④ 　肺組織刺激性物質

　　塩素，ホスゲン，二酸化窒素，オゾン，臭素，フッ素，硫酸ジメチル等は，肺を強く刺激し，肺炎，肺浮腫等を起こす。

⑤ 　中枢神経系毒物

　　中枢神経に作用して，麻酔，まひ，その他の中枢神経障害を起こす物質に次のようなものがある。

1 ）　脂肪族炭化水素（二硫化炭素，シクロヘキサン，ガソリン等）

　2）　芳香族炭化水素（ベンゼン，トルエン，キシレン等）

　3）　ハロゲン化炭化水素（四塩化エタン，四塩化炭素，クロロホルム，臭化メチル，二
　　　塩化エチレン，塩化エチル，三塩化エチレン，塩化メチル，塩化ビニル等）

　4）　硫化水素，マンガン，四エチル鉛等

⑥　腎臓，肝臓の毒物

　　ハロゲン化炭化水素（クロロホルム，四塩化炭素，四塩化エタン等），トリニトロトルエン，
　クロルナフタリン等は，腎臓や肝臓に作用して，肝症状や腎症状を現す。

⑦　血液の毒物

　　ベンゼン，ヒ（砒）化水素，鉛，テトラヒドロフラン等は，造血器官や血液に作用して，
　血液の異常を起こす。

⑧　発がん性物質

　　タール，β ナフチルアミン，ひ素等は，吸入又は皮膚に付着して，がんを起こす。

⑨　その他酸類の蒸気の吸入により，歯牙酸蝕症を起こす。

⑩　銅，亜鉛等の金属のヒュームは，金属熱と呼ばれる「一過性の発熱症状」を起こす。

⑪　鉱物性粉じんは吸入されて，肺の繊維増殖化，結節化を起こし，じん肺となる。

　有害なガス，蒸気及び粉じんは，空気中に発散している量が多ければ多いほど有害性が高い
のは当然である。1日8時間，中等度の労働で，労働者に取り立てて障害が起きない場合の空
気中の最大濃度が，いわゆる許容濃度である。

　これよりも高い濃度下にある作業場は，速やかに，その濃度以下に発散を減少させなければ
ならない。また，許容濃度以下の作業場でも，さらに発散源を密閉するなど，労働環境を良く
するように努力をしなければならない。

　ガス，蒸気及び粉じんによる障害を防止するには，次のような対策を講じなければならない。

①　可能な限り，有害な原材料を使用せずに，無害又は毒性の少ない代替品を用いる。

②　作業を隔離して遠隔操作をする。又は密閉式あるいは湿式にして発散を防ぐ。

③　作業工程そのものを工学的に改善して有害物の発散を防止する。そのために常に環境の
　有害濃度の測定を行って環境条件を把握しておく。

④　局所排気装置やプッシュプル型換気装置，全体換気装置を整備して，有効に稼働させる。

⑤　作業方法や労働時間，その他の労働条件を改良する。

⑥　マスク等の保護具を必ず使用する。

⑦　手洗い，入浴等によって体表面の汚染を除く。

⑧　健康診断を完全に行い，作業不適格者の就業を避け，障害者の早期発見に努め，適切な
　措置を行う。

4.9　火災及び爆発防止

（1）　防火管理

作業環境の整備は，快適な職場づくりに心がけるほか，火災による災害に対しても安全を図る必要がある。防火管理を行うには，火災に対する基本的な事項を熟知し，防火設備等を整備し，自衛消防隊の設置，消火，避難訓練の実施など異常時に備えなければならない。

（2）　火災に関する基本的事項

2017（平成29）年中の出火件数は約39,000件あまりである。そのうち，失火による火災は全体の70.5％であり，その多くは火気の取り扱いの不注意や不始末から発生している。出火原因別にみるとたばこが最も多く，次いで放火，こんろとなっている。

火災の状況は，木造火災では燃焼速度が急激に増加し，1,100〜1,300℃となり，高温継続時間は比較的短い。ビル火災では内装等の燃焼に伴い可燃性ガスが蓄積し，ある範囲に達すると火災が爆発的に拡大し，室内全体が一度に炎に包まれる。この現象をフラッシュオーバーという。

（3）　危険物等の取り扱い等

a　危険物を製造する場合等の措置

危険物を製造し，又は取り扱うときは，爆発，火災を防止するため，次の対策を講じる。

①　爆発性のものは，みだりに火気等点火源となるものに接近させたり，加熱，衝撃，摩擦を与えたりしない。

②　発火性のものは，みだりに火気等点火源となるものに接近させたり，酸化剤，空気等酸化を促すものや，水に接触させたり，加熱や衝撃を与えたりしない。

　　例えば，マグネシウムを点火源に接近させる，赤りんを酸化剤に接触させる，金属ナトリウムを水に接触させる，硫化りんに衝撃を与える，などがこれに該当する。

③　酸化性のものは，みだりに分解が促されるおそれのあるものに接触させたり，加熱，摩擦，衝撃を与えたりしない。

　　例えば，塩素酸カリウムに対するアンモニア，過酸化ナトリウムに対するマグネシウム粉等が該当する。

④　引火性のものは，みだりに点火源となるおそれのあるものに接近，注ぎ，蒸発，加熱をしない。

　　引火性のものは，ガソリン，酸化プロピレン，アセトン，メタノール，灯油，プロパン等がある。

⑤　危険物の製造又は取り扱う設備のある場所は，整理・整頓し，可燃性，酸化性のものを置かない。

⑥　危険物の製造又は取り扱う作業を行うときは，当該作業の指揮者を定め，本体設備，付属設備，温度，湿度，遮光，換気の状態，危険物取扱状況について随時点検を行う。

b　ホースを用いる引火性の物等の注入

引火性のもの，又は可燃性ガスで液状のものを，ホースを用いて化学設備，タンク自動車，ドラム缶等に注入する作業を行うときは，ホースの結合部を確実に締めるなどの確認を行った後に行う。

c　ガソリンが残存している設備への灯油等の注入

ガソリンが残存している化学設備，タンク自動車，ドラム缶等に，灯油や軽油を注入する作業を行うときは，ガソリンの蒸気濃度が爆発限界内の値となることがあり，危険である。そのため，あらかじめ内部を洗浄し，ガソリンの濃度を不活性ガス（窒素，炭酸ガス等）で置換するなどにより，安全な状態を確認した後に行う。

d　エチレンオキシド等の取り扱い

エチレンオキシド（酸化エチレン），アセトアルデヒト，又は酸化プロピレンを化学設備，タンク自動車，ドラム缶等に注入する作業を行うときは，内部を不活性ガスで置き換えた後に行う。また，これらを貯蔵するときは，常に不活性ガスで置き換えをしておく。

e　通風等による爆発又は火災の防止

引火性の物質の蒸気，可燃性のガス（アセチレン，水素，プロパン，アンモニア，都市ガス等），可燃性の粉じん（石炭粉，硫黄粉，小麦粉，でん粉，合成樹脂粉，マグネシウム粉，アルミニウム粉等）が存在する場所は，蒸気，ガス，粉じんによる爆発，火災を防止するため，通風，換気，除じん等の措置を講じる。

f　通風等が不十分な場所におけるガス溶接等の作業

通風，換気が不十分な場所で，可燃性ガス・酸素を用いて溶接等の作業を行うときは，ガス漏えいによる爆発，火災を防止するため，次によるものとする。

①　ホース，吹管は，ガス漏えいのないものを使用する。

②　ホースと吹管，ホース相互の接続箇所は，ホースバンド等の締付け具を用いて確実に取り付ける。

③　ホースにガスを供給する場合は，止め栓等を装着した後に行う。

④　ホースのガス灯の供給口のバルブ，コックには，使用者の名札を取り付ける等，誤操作を防ぐための表示を行う。

⑤　溶断の作業を行うときは，酸素放出による火傷防止のため，十分な換気を行う。

⑥　作業の中断や終了により作業場所を離れるときは，バルブ，コックを閉止して，ホースを供給口から取り外すか，ホースを自然通風・換気が十分な場所へ移動する。

g　ガス等の容器の取り扱い

ガス溶接等に用いるガス等の容器の取り扱いは，次によるものとする。

① 次の場所では，設置，使用，貯蔵又は放置しない。

　１）　通風，換気が不十分な場所

　２）　火気を使用する場所やその付近，火気類，危険物，爆発性・発火性等の物の製造，又は取り扱う場所及びその付近

② 容器の表面の温度は40℃以下に保つよう，屋根，障壁，散水装置等を設ける。

③ 転倒のおそれがないようにし，衝撃を与えない。

④ 運搬するときは，キャップを施す。

⑤ 使用するときは，容器の口金に付着している油類，じんあいを除去する。

⑥ バルブの開閉は静かに行う。

⑦ 溶解アセチレンの容器は，立てて置く。

⑧ 使用前と使用中の容器とは，区別を明らかにしておく。

h　異種の物の接触による発火等の防止

異種のものが接触することにより，発火，爆発のおそれがあるときは，接近，貯蔵又は同一の運搬機に積載しない。

（3）　化 学 設 備

化学設備とは，反応器，蒸留塔，呼吸塔，抽出器，混合器，沈でん分離器，熱交換器，計量タンク，貯蔵タンク等の容器本体並びに，これらに属するバルブ，コック，管，たな，ジャッケット等の総称であり，次のように定められている。

a　化学設備を設ける建築物

化学設備を内部に設ける建築物は，壁，柱，床，はり，屋根，階段など化学設備に接近する部分は，不燃性の材料でつくる。

b　腐 食 防 止

化学設備，配管のうち，危険物又は引火点が65℃以上のものが接触する部分は，著しい腐食による爆発，火災を防止するため，危険物等の種類，温度，濃度，圧力等に応じ，腐食しにくい材料でつくり，内張り等を施す。

c　ふた板等の接合部

化学設備，配管のふた板，フランジ，バルブ，コック等の接合部は，危険物が漏えいしないようガスケットやパッキンを使用し，接合面を相互に密着させるなどの措置を講じる。

d　バ ル ブ 等

① 配管のバルブ，コック，これらを操作するスイッチ，押しボタン等は，誤操作による爆発，火災を防ぐため，開閉の方向を表示し，色分けし，形状の区分を行う。

② 　バルブ，コックは，危険物の種類，開閉の頻度等に応じ，耐久性のある材料を使用する。

③ 　使用中にしばしば開放，又は取り外すことのあるストレーナ等と，これらに最も近接した化学設備との間のバルブ，コックは，二重に設ける。

e　送給原材料の種類等の表示

化学設備に原材料を送給するときは，見やすい位置に，原材料の種類，送給対象設備等を表示する。

f　特殊化学設備の安全装置

化学設備（「安衛令」第15条第1項第5号に掲げる化学設備）のうち，発熱反応が行われる反応器等，異常化学反応又はこれに類する異常な事態により爆発，火災等を生じるおそれのある設備（反応器・蒸留器等）を特殊化学設備という。

特殊化学設備の内部で行われる化学反応等の異常な事態を，早期に把握し，異常事態時の爆発，火災を防止するため，次のものを設ける。

① 　温度計，流量計，圧力計等の計測装置

② 　ブザー，点滅等の自動警報装置

③ 　原材料の送給を遮断又は製品を放出するための装置，不活性ガス・冷却用水等を送給するための装置等が異常事態時に，対処するための緊急遮断装置

④ 　動力源の異常に対処するため，直ちに使用できる予備動力源の確保

g　作　業　規　程

化学設備，その配管・付属設備を使用して作業を行うときは，次の内容を示す規定を作成し，これにより作業を行う。

① 　バルブ，コック等の操作

② 　冷却・加熱・かくはん・圧縮等の各装置の操作

③ 　計測・監視装置の監視及び調整

④ 　安全弁，緊急遮断装置等の安全装置及び自動警報装置の調整

⑤ 　ふた板，フランジ，バルブ，コック等の接合部における漏えいの有無の点検

⑥ 　試料の採取

⑦ 　異常事態が発生したときの応急措置

⑧ 　特殊化学設備は，運転が一時的，部分的に中断されたときの運転中断中及び運転再開時の作業方法

h　退　避　等

化学設備から危険物が大量に流出した場合等により，爆発，火災発生に伴って急迫した危険があるときは，直ちに作業を中止し，安全な場所へ避難する。

労働災害を被るおそれのないことを確認するまでの間は，関係者以外の立ち入りを禁止し，その旨を見やすい箇所に表示する。

i　改造，修理等

化学設備とその配管・付属設備の改造，修理，清掃等のため，分解等の作業を行うときは，次によるものとする。

① 作業の方法，順序を決定し，関係労働者に周知する。

② 作業を指揮する者を定め，指揮させる。

③ バルブやコックは，二重に閉止するか，閉止とともに閉止板等を施す。

　さらに，バルブやコック，閉止板等を施錠する，開放してはならない旨を表示する，又は監視人を置く等，いずれかの措置を講じる。

④ 作業開始時，作業再開時には，作業箇所や周辺の蒸気・ガスの濃度を測定する。

　なお，作業中においても，必要に応じて測定する。

j　使用開始時の点検

化学設備とその付属設備について，次の場合は点検を行う。

① 初めて使用するとき

② 分解して改造・修理を行ったとき

③ 引き続き1か月以上使用しなかったとき

④ 用途変更をしたとき

k　安　全　装　置

異常化学反応等により，内部の気体圧力が大気圧を超えるおそれのある容器は，次によるものとする。

① 内容積が $0.1m^3$ を超えるものは，安全弁等を備える。

② 安全弁等は，下記のいずれかの構造とする。

1） 密閉式構造

2） 排出される危険物を安全な場所へ導く構造

3） 燃焼，吸収等により安全に処理できる構造

（4）　火気の管理

a　危険物等がある場所における火気等の使用禁止

次に示す場所では，火花，アークを発したり，高温となって点火源となるおそれのある機械等又は火気を使用してはならない。

① 危険物以外の可燃性の粉じんの存在する場所

② 火薬類の存在する場所

③ 多量の易燃性のものや危険物が存在する場所

火花等を発する機械には，防爆構造でない開閉器・電動機，グラインダー，アーク溶接機，抵抗器，内燃機関，はんだごて等が該当する。

　また，①の危険性以外の可燃性粉じんには，石炭粉，木炭粉，硫黄粉，小麦粉，でん粉，コルク粉，合成樹脂粉等がある。③で述べた易燃性のものには，綿，木綿のぼろ，わら，木毛，紙等，着火後燃焼速度が速いものが該当する。

b　爆発の危険のある場所で使用する電気機械器具

　引火性の物質の蒸気，可燃性ガス，粉じん等がある場所で，通風，換気，除じん等の措置を講じても，爆発危険濃度（爆発下限界値の濃度）に達するおそれのある箇所の電気機械器具は，蒸気，ガス灯の種類に応じた防爆構造電気器具及び爆燃性・可燃性粉じんに応じた防爆構造電気機械器具を使用する。

c　溶　接　等

　次に示す場合は，溶接・溶断，金属の加熱，研削といしによる乾式研磨，たがねによるはつり作業等，火花を発する作業をしてはならない。

①　危険物以外からの引火性の油類，可燃性の粉じん又は危険物が存在するおそれのある配管，タンク，ドラム缶等の容器

②　通風や換気が不十分な場所での作業。この場合，通風や換気のために酸素を使用してはならない。

d　静電気の除去

　以下に示す設備を使用する場所では，静電気による爆発，火災等のおそれのある場合は，次の方法で静電気を除去しなければならない。

①　静電気を除去すべき設備

　1）　危険物をタンク自動車，タンク車，ドラム缶等に収納又は注入する設備

　2）　引火性の塗料・接着剤等を塗布する吹付け機，ロール機，静電塗装機等の設備

　3）　危険物を取り扱う乾燥設備

　4）　可燃性の粉状の物質のスパウト移送，ふるい分け等の設備

　5）　化学設備とその附属設備

②　静電気を除去する方法

　1）　接地

　2）　除電剤の使用

　3）　湿気の付与

　4）　除電装置（除電器，導電作業服，導電靴等）の使用

4．10　特定機械等

　危険な作業等を必要とする機械等並びに有害物については，事故・災害を未然に防止するため，製造，流通の段階において，次の必要な措置を講じるものとしている。

（1） 製造の許可

ボイラー等，特に危険な作業を必要とする機械（特定機械等）を製造しようとする者は，あらかじめ，都道府県労働局長の許可を受けなければならない。特定機械等とは次に示すものをいう。

① ボイラー（小型・船舶適用・電気事業用の各ボイラーは除く）

② 第一種圧力容器（小型・船舶適用・電気事業用・高圧ガス取締法適用・ガス事業用・液化石油ガス保安適用のものは除く）

③ つり上げ荷重3t以上（スタッカー式クレーンは1t以上）のクレーン

スタッカー式クレーンとは自動倉庫のラック間に設置される，前後の走行機能，昇降機能をもったクレーンである（図9-36）。

④ つり上げ荷重が3t以上の移動式クレーン（図9-37）

⑤ つり上げ荷重が2t以上のデリック

デリックとは，動力によって荷をつり上げることを目的とする機械装置で，マスト又はブームを有し，原動機を別置してワイヤロープによって操作するものをいう（図9-38）。

⑥ 積載荷重が1t以上のエレベーター

⑦ 積載荷重が0.25t以上で，ガイドレールの高さが18m以上の建設用リフト（図9-39）

⑧ ゴンドラ

ゴンドラとは，つり足場及び昇降装置，その他の装置，これらに付属するものにより構成され，つり足場の作業床が，専用の昇降装置により上昇又は下降する設備をいう（図9-40）。

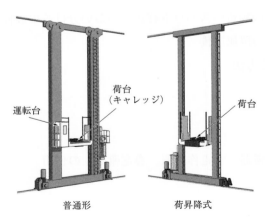

図9-36　懸垂型スタッカー式クレーン

原動機を内蔵して不特定の
場所に移動できる

図9－37　移動式クレーン

図9－38　デリック

図9－39　建設用リフト

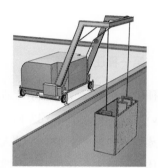

図9－40　ゴンドラ

（2）　ボイラー及び圧力容器

　産業活動の活発化に伴い，ボイラーの利用範囲の拡大と普及は目覚ましいものがある。しかしボイラーは，内部にばく大な熱エネルギーを有しており，その取り扱いを誤ると破裂等の重大な災害を発生させるだけでなく，公害問題を引き起こし，また，燃料経済上も大きな障害となる。

　a　ボイラー（小型・船舶適用・電気事業用の各ボイラーは除く）

　危険な作業を必要とする機械等並びに有害物については，使用前，すなわち製造・流通の段階において，必要な措置を講じることが最も効果的であるため，この段階で法規制されている。ボイラー等は，特に危険な作業を必要とする機械（特定機械等）を製造する場合は，都道府県の労働局長の許可を受けなければならない。

　図9－41は，ボイラーの法的区分概要を示したものである。

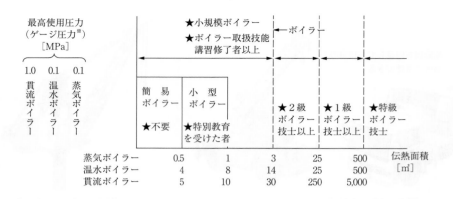

備考　★印は取扱者資格を示す。
※）ゲージ圧とは，大気圧（0.01MPa）との差の圧力をいい，圧力計はゲージ圧力を指示する。

図9−41　ボイラーの法的区分概要

（3）　第一種圧力容器

　第一種圧力容器は，次に挙げる種類の容器をいう。ただし，ゲージ圧力0.01MPa以下での使用において，容積が0.04m³以下，又は胴径200mm以下，かつ長さ1,000mm以下の容器は除く。

① 　蒸気その他の熱媒を受け入れて，又は蒸気を発生させて，その蒸気によって，固体又は液体を加熱する容器で，容器内の圧力が大気圧を超えるもの

　　例：加硫がま，蒸気がま，精錬がま，熱交換器，ストレージタンク（水や油等の貯蔵タンクをいう。貯水そう，貯湯そう，貯油そう）など

② 　容器内における化学反応，原子核反応等によって蒸気が発生する容器で，容器内の圧力が大気圧を超えるもの

　　例：オートクレーブ（内部を飽和蒸気によって高温高圧にできる機器），連続反応器など

③ 　容器内の液体の成分を分離するため，加熱し，蒸気を発生させる容器で，容器内の圧力が大気圧を超えるもの

　　例：蒸留器，蒸発器など

④ 　大気圧を超える圧力の飽和水を保有，又は圧力ある飽和水を蓄積する容器

　　例：スチームアキュームレータ（ボイラー負荷を一定に保つシステム）など

参考としてその他の圧力容器を示す。

a　小型圧力容器

　第一種圧力容器のうち，表9−9に示すものを小型圧力容器という。

b　第二種圧力容器

　気体を内部に保有する容器（第一種圧力容器を除く）で，表9−10に挙げるものを第二種圧力容器という。該当するものとして，空気タンク，ガスタンク，乾燥用ローラ，炊事用二重が

ま，真空蒸気器等がある。

表9−9　小型圧力容器

ゲージ圧力	大きさ	容器
0.01MPa 以下	胴径500mm 以下 長さ1,000mm 以下	−
	−	0.2m^{3}以下

表9−10　第二種圧力容器

ゲージ圧力	大きさ	容器
0.02MPa 以上	胴径200mm 以上 長さ1,000mm 以上	−
	−	0.04m^{3}以下

（4）　検　査　等

a　製造時等検査

①　特定機械等について，次の者は都道府県労働局長の検査を受けなければならない。

　1）　製造，輸入した者

　2）　一定期間設置されなかったものを設置しようとする者

　3）　使用を廃止したものを再び設置し，又は，設置しようとする者

②　移動式以外の特定機械等について，次の場合は都道府県労働局長の検査を受けなければならない。

　1）　設置したとき

　2）　所定の部分に変更を加えた者

　3）　使用を休止したものを再び使用しようとする者

b　検査証の交付等

検査の表示事項は，所定の部分の変更又は都道府県労働局長の再使用に係るものは，査証に合格した旨の裏書をし，その他のものは，検査証が交付されることにより，特定機械等を使用することができる。

c　検査証の有効期間等

①　主な特定機械等の検査証の有効期間は，以下のとおりである。

　1）　1年：ボイラー，第一種圧力容器，ゴンドラ，エレベーター

　2）　2年：クレーン，移動式クレーン，デリック

　3）　廃止まで：建設用リフト

②　検査証の有効期限の更新を受けようとする者は，都道府県労働局長（又は検査代行機関）

が行う性能検査を受けなければならない。

d　使用等の制限

検査証を受けた特定機械等を，譲渡又は貸与する場合は，検査証とともに行う。

4．11　乾燥設備

乾燥設備とは乾燥室，乾燥器のことである。その種類は多く，乾燥設備の構造は本体を構成する部分，加熱装置，付属設備等からなっている。乾燥器の種類には，箱型，トンネル型，流動層型，真空型，赤外線型など各種のものがある（図9－42）。

a　危険物乾燥設備を有する建築物

危険物乾燥室を設ける部分の建築物は，平家（平屋）とする。乾燥室を設ける直上に階を有しないもの，又は耐火建築物等である場合は，平家（平屋）でなくともよい。

b　乾燥設備の構造等

乾燥室の構造は次による。

① 不燃性材料を使用する。

② 液体燃料，可燃性ガスを熱源とする乾燥設備は，燃焼室，点火する箇所を換気できる構造とする。

③ のぞき窓，出入口，排気孔等の開口部は，発火の際に延焼を防止する位置に設け，かつ，必要があるときに，直ちに密閉できる構造とする。

④ 内部の温度を随時測定できる装置及び，内部温度の自動調整装置を設ける。

⑤ 危険物を取り扱う乾燥設備は次による。

　1）側面，底面を堅固にする。

　2）有効な爆発戸等を設ける。

　3）乾燥によって生じる蒸気・ガスを安全な場所へ排出する構造とする。

　4）熱源に直火を使用しない。

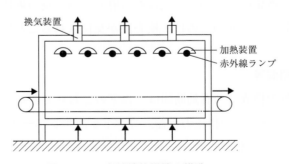

図9－42　赤外線乾燥機の構造

4．12　アセチレン溶接装置等

（1）　アセチレン溶接装置

アセチレン溶接装置とは，アセチレン発生器，安全器，導管，吹管等により構成され，溶解アセチレン以外のアセチレン及び酸素を使用して金属を溶接，溶断，加熱する設備である。使用するに当たって，設備や使用環境が次のように定められている。

a　圧力の制限

金属の溶接，溶断，加熱の作業に用いるときは，ゲージ圧130kPa を超えないようにする。

b　発 生 器 室

① 発生器室は専用のものとし，直上に階を有しない場所で，火気を使用する設備から相当離れたところに設ける。屋外に設けるときは，開口部を他の建築物から1.5m 以上隔離する。

② 壁は不燃性のものとし，鉄筋コンクリート，モルタル塗り鉄板張りとし，屋根・天井は薄鉄板を使用する。

③ 排気筒（床面積1/16以上の断面積）を屋上に突出して設ける。

④ 出入口の戸は鉄板，不燃性材料を使用する。

c　格 納 室

移動式アセチレン溶接装置は，専用の格納庫に収納する。

d　アセチレン溶接装置の構造規格

アセチレン溶接装置の構造は，次に適合するものとする。

① ガスだめの材料は，鋼板とし，接合は溶接，びょう接，ボルト締めとし，ガス逃し弁，コックを備える。

② 安全弁は，ガスだめ内の圧力が140kPa 未満で作動し，常用圧力から10kPa 低下までに閉止すること。

③ 所定の目盛の圧力計を備える。

（2）　ガス集合溶接装置

ガス集合溶接装置とは，ガス集合装置，安全器，圧力調整器，導管，吹管等で構成され，可燃性ガス及び酸素を使用して，金属の溶接，溶断，加熱をする設備である（図9－43）。ガス集合装置は，次のものが該当する。

① 10個以上の容器を導管により連結した装置

② 9個以上の容器を導管により連結した装置で，その容器の内容積の合計が，水素・溶解アセチレンの容器で400L 以上，その他の可燃性ガスの容器では1,000L 以上のもの

図9−43　ガス集合装置

a　ガス集合装置の設置

① 火気を使用する設備から5m以上隔離する。

② 移動して使用するものを除き，専用の部屋に設ける。

③ 主管及び分岐管には安全器を設ける。

　　この場合，一つの吹管に安全器が2個以上となるようにする。

b　ガス集合溶接装置に関する措置

　事業者は，爆発性のもの，発火性のもの，引火性のもの等による危険を防止するため，必要な措置を講じなければならない。この危険には可燃性のガスによるもの等が含まれており，ガス集合溶接装置に関連する措置としては，次のようなものがある。

① 可燃性ガス集合装置は，火気を使用する場所から5m以上離れた場所に設ける。ガス集合装置で，移動して使用する以外のものについては，専用の室（ガス装置室）に設ける。ガス装置室の壁とガス集合装置との間隔については，当該装置の取り扱い，ガスの容器の取り替え等をするため，十分な距離に保つ。

② ガス装置室の構造は，ガスが漏えいしたときに，当該ガスが滞留しないこと。屋根及び天井の材料が軽い不燃性のものであること。壁の材料が不燃性のものであること。

③ ガス集合溶接装置の配管は，フランジ，バルブ，コック等の接合部には，ガスケットを使用し，接合面を相互に密接させる等の措置を講じる。主管及び分岐管には安全器を設ける。この場合において，吹管1に対して安全器が2以上になるようにする。

④ 溶解アセチレンのガス集合溶接装置の配管及び付属器具には，銅又は銅を70％以上含有する合金を使用しない（銅の使用制限）。

（3）　アセチレン及びガス溶接装置の管理

a　アセチレン溶接装置の管理等

アセチレン溶接装置により，金属の溶接・溶断又は加熱の作業を行うときは，次によるもの

とする。

①　発生器室には，関係者以外の立ち入りを禁止し，その旨を表示する。

②　導管は，酸素用とアセチレン用と混同しないような措置を講じる。

③　アセチレン溶接装置の設置場所には，消火設備を設ける。

④　移動式の発生器は，高温，振動，通風の不十分な場所に設置しない。

⑤　作業者は，保護眼鏡，保護手袋を着用する。

b　ガス集合溶接装置の管理等

ガス集合装置により，金属の溶接，溶断，加熱の作業を行うときは，次によるものとする。

①　使用するガスの名称，最大ガス貯蔵量を，ガス集合装置室に掲示する。

②　ガスの容器を取り替えるときは，ガス溶接作業主任者が立ち会う。

③　ガス集合装置から 5 m 以内の場所では，喫煙や火気の使用を禁じ，その旨を掲示する。

④　ガス集合装置の設置場所に，消火設備を設ける。

⑤　作業者は，保護眼鏡，保護手袋を着用する。

c　ガス溶接作業主任者の職務

ガス溶接作業主任者の職務は，ほかの作業主任者と異なり，特異な職務であり，次に定めるところによる。

①　アセチレン溶接装置を用いる場合

　1）　作業方法を決定し，作業を指揮する。

　2）　関係労働者には，次のことを順守させる。

　　・　発生器に，火花の発生する工具を使用したり，衝撃を与えたりしない。

　　・　ガス漏れを点検するときは，石けん水等を使用する。

　　・　発生器の上にものを置かない。

　　・　発生器室の出入り口は，開けたままにしておかない。

　　・　移動式の発生器のカーバイドの詰め替えは，屋外の安全な場所で行う。

　　・　カーバイドの容器を開封するときは，衝撃と火気厳禁とする。

　3）　作業開始のときは，アセチレン溶接装置を点検し，混合ガスがあるときは，これらを排除する。

　4）　安全器は，作業中に水位が確認できる位置に置き，1 日 1 回以上これを点検する。

　5）　アセチレン溶接装置内の水の凍結を防ぐために，保温し，又は加温するときは，温水又は蒸気を使用する等，安全な方法による。

　6）　発生器の使用を休止するときは，水室の水位を水と残留カーバイドが接触しない状態に保つ。

　7）　発生器の修繕，加工，運搬若しくは格納，使用を休止しようとするときは，アセチレン及びカーバイドを完全に除去する。

8）　カーバイドのかすは，ガスによる危険がなくなるまで，かすだめに入れる。

9）　作業者の保護眼鏡及び保護手袋の使用状況を監視する。

10）　ガス溶接作業主任者免許証を携帯する。

　　　　溶接作業中には，安全な作業を監視することが職務となる。また，アセチレン以外のガス集合溶接装置で溶接等の作業をするときも，作業主任者が必要である。

② 　ガス集合溶接装置を用いる場合

アセチレン作業時の職務と共通しているものが多く，次に定めるところによる。

1）　作業方法を決定し，作業を指揮する。

2）　安全器は，作業中に水位が確認できる位置に置き，1日1回以上点検する。

3）　関係労働者に次のことを行わせる。

- ・　ガスの容器の口金，配管の取り付け口に付着している油，ゴミ等を取り除く。

- ・　ガス容器の取り替えを行ったときは，石鹸水等を使用してガス漏れの点検を行う。

4）　ガスの容器の取り替えの作業に立ち会う。

5）　作業開始時は器具の点検を行う。異常があれば補修を行う。

6）　作業者の保護眼鏡及び保護手袋の使用状況を監視する。

7）　ガス溶接作業主任者免許証を携帯する。

4．13　発破の作業

発破とは，火薬類の爆発力を利用して建築物や船舶等の人工構造物を破壊したり，山（岩）を破砕したり，地質調査のために広範囲にわたって地面を振動させる行為である。発破業務とは せん孔，装てん，結線，点火，不発の装薬，残薬の点検及び処理の業務である。

a　発破の作業基準

発破の作業を行うときは，次によるものとする。

① 　凍結したダイナマイトは，火気に接近させたり，高熱物に直接接触させたりして融解しない。

② 　火薬，爆薬を装てんするときは，付近で裸火の使用や喫煙をしない。

③ 　点火後，装てんされた火薬が爆発しないとき，又は，爆発したことの確認が困難であるときは，次によるものとする。

1）　電気雷管のとき

- ・　発破母線を点火器から取り外す。

- ・　その端を短絡させ，ハンドルに施錠するなどして，再点火できないようにする。

- ・　その後5分間以上経過したのちに，装てん箇所に接近する。

2）　電気雷管以外のとき

・　点火後，15分以上経過したのちに，装てん箇所に接近する。

b　導火線発破作業の指揮者

導火線発破の作業を行うときは，発破業務に就くことのできる者のうちから，作業の指揮者を定める。

①　点火前に，点火作業従事者以外の者に，退避を指示する。

②　点火従事者に，退避場所，経路を指示する。

③　1人の点火数が，同時に5以上のときは，発破時計，捨て導火線等の退避時期を知らせるものを使用する。

④　点火の順序，区分について指示し，点火の合図をし，点火従事者に退避の合図をする。

⑤　不発装薬，残薬の有無について点検する。

4．14　コンクリート破砕器作業

ビル等の建物の建て替え等において，その場にある建物の解体や整地は欠かせない作業となる。

コンクリート破砕器は，動力として火薬を用いて，ビルの取り壊しや建物の基礎部分を撤去するために開発されたもので，火工品として分類されている。爆薬を使用するコンクリート発破に比べて，振動や騒音が少ないため，安全に作業できることが特徴である。このコンクリート破砕器を用いてコンクリートを破砕する作業を，コンクリート破砕器作業という。

コンクリート破砕器を用いて行う作業では，次のように定められている。

①　破砕器を装てんするときは，その付近での裸火の使用や喫煙を禁止する。

②　装てん具は，摩擦，衝撃，静電気等によって破砕器が発火するおそれのないものを使用する。

③　破砕されたもの等の飛散を防止するため，安全マット，シート等で覆う等の措置を講じる。

④　点火後，装てんされた破砕器が発火しないとき，又は，発火したときの確認が困難なときは，「破砕器の母線を点火器から取り外し，その端を短絡させておき，かつ，再点火できないような措置をし，その後，5分間以上経過した後に，装てん箇所に接近する」とされている。

4．15　地下作業場

可燃性ガスが発生するおそれのある地下作業場で作業を行うとき，又は，ガス導管からガス

が発散するおそれのある場所で明かり掘削の作業を行うときは，爆発，火災を防止するため，次によるものとする。

① ガスの濃度を測定する者を指名し，毎日作業を開始する前及びガスの異常を認めたときに，ガスが発生し・滞留する場所のガス濃度を測定させる。

② ガスの濃度が，爆発下限界の値の30％以上であることを認めたときは，直ちに労働者を安全な場所に退避させ，火気等点火源の使用を停止し，通風，換気を行う。

第5節　電気設備に関する安全管理

事業場における動力や照明等は，そのほとんどを電気に依存しているため，電気設備を取り扱う機会が少なくない。しかし，電気はその危険性を視覚で認識することが困難であるため，危険部分に触れたり，取り扱いを誤ったりすることによって様々な災害が発生している。

そのため，電気に関する正しい知識をもち，電気設備を定められた方法によって十分注意して取り扱い，災害防止に努める必要がある。

電気による災害としては，電気設備の充電部分や漏電箇所に接近したり接触したりして起こる感電災害が大部分であるが，このほかに放電アークによる火傷，アーク溶接作業等による電気性眼炎，さらに電気設備の過熱，スパーク，漏電，あるいは静電気等が点火源となって起こる火災や爆発等がある。

5.1　感電の危険性

感電による労働災害には，次の三つのものがある。

一つは，感電によるショックで墜落したり，周囲のものに激突したりすることによる災害である。二つ目は，感電によって人の体に電気が入ったり出たりするときに，生体の組織が損傷することによって受ける障害である。そして，三つ目は感電により電気が心臓を通過することにより発生するもので，心臓の筋肉を無秩序に収縮させる心室細動を引き起こし，やがて心静止に至る。

一般に，電気は高圧なほど危険性が高いと考えている人が多いが，感電による死亡者のうち，半数以上は低圧の設備によるものである。つまり，感電の危険度は電圧の高低のみにより決まるものではなく，主として次の要素によって決まる。

（1）　電　流　値

人体内に流れる電流値が多いほど危険になることは言うまでもない。電流の値の大きさによ

る感電の程度は，各人の体質や健康状態等によって異なるが，普通の交流を人体に通じた場合のおよその人体が受ける影響を示すと，表9－11のとおりとなる。5mAぐらいであれば生命に関わることはないが，10〜20mAぐらいになると筋肉が硬直し動かせなくなるので，通電部分から身体を離せないことが多く，通電時間が長くなって死亡することがある。したがって，一般に10mA以上は危険だと考えるべきである。

表9－11　人体を流れる電流による影響

体内を流れる電流	人体に及ぼす影響
1mA前後	わずかに刺激を感じる
5 〃	相当に苦痛
10〜20 〃	筋肉が硬直し動かせなくなる
50 〃	相当に危険，死ぬことがある

　大地に素足で立って充電部に手が触れて感電した場合を考えると，そのときの人体に流れる電流の大きさは，手と充電部及び足と大地との接触抵抗，並びに人体の抵抗との和によって決まる。

　接触抵抗の大きさは，触れたときの電圧，接触面の湿度，接触面積，接触圧力等によって決まるが，主として接触面の湿度によって大きく変化する。そのため，手や足が乾燥しているときは接触抵抗は極めて大きく，一般に数万Ωであるが，汗をかいている場合はその1/12，水にぬれているときは1/25以下に低下することがある。

　人体の内部抵抗は，およそ500〜1,000Ω程度である。電流は抵抗が大きいほど流れにくく，抵抗が小さいほど流れやすい。そのため，人体に汗をかいているときや雨でぬれているときは抵抗が著しく低くなるので，万が一感電すれば人体を流れる電流も大きくなり，危険になる。また，夏の時期に感電災害が多いのは，このためである。

　なお，感電の危険性に直接関係してくるのは電流値ではあるが，人体の抵抗値が同じ大きさだった場合，電圧がより大きいほうが流れる電流も大きくなる。そのため，電圧も危険性を表す一つの指標として意識しておく必要がある。法令によって，電圧は表9－12のとおり3種類に区分されており，電気安全や電気設備，電気工事作業等，多くのものに関係している。

表9－12　電圧の区分
（出所：「電気設備に関する技術基準を定める省令」第2条）

電圧の種別	電圧の値
低　圧	直流にあっては750V以下 交流にあっては600V以下
高　圧	直流にあっては750Vを超え7,000V以下 交流にあっては600Vを超え7,000V以下
特別高圧	7,000Vを超えるもの

（2）　通　電　時　間

　同じ大きさの電流で感電した場合であっても，通電時間が長いほど被害が大きくなり，危険度が高くなる。

　例として，心臓は200mAの電流が0.1秒間流れても心室細動は発生しないが，同じ電流値で1秒間流れ続けると，およそ50％を超える確率で心室細動が発生するとされている。

　したがって，感電した場合は速やかにスイッチを切るなどして電源を遮断する必要がある。助けようとして，感電して苦しがっている人に触れると，助けようとした人も感電することがあるので，注意をしなければならない。

（3）　通　電　経　路

　感電の危険度は，人体の感電を受ける部位によって異なる。心臓等の人体の重要な部分に電気が流れると危険性は極めて高くなるが，手や足の一部にのみに電気が流れた場合は局部的損傷にとどまることもあり，比較的軽傷の場合がある。

5.2　感電災害の防止対策

　感電災害を防止するためには，電気設備・機械の点検整備を励行することはもちろん，作業者に対して電気の性状についての基礎知識を与え，電気設備の取り扱い方法，その周辺での作業のやり方等についての教育，訓練を徹底する必要がある。

（1）　電気機械器具

　電気を用いる設備や機械，器具は非常に多く，仕事を進める上では欠かせないものとなっているのが実情である。これらを使用する上で感電災害防止対策を考えるためには，各々の機器の特徴や危険性について理解し，事前に対策を講じておくことが重要となる。

　また，機器の性能は常に一定ではなく，使用状況や経過年数に応じて劣化していくものであるため，日常点検を欠かさないことも感電災害を防止する上で重要な要素となっている。

a　漏電による感電防止

　電気機械器具の故障や劣化によって本来もっている絶縁性能が損なわれると，金属製外箱やフレームに危険な電圧が生じたり，そこを通じて大地に電流が流れたりする。この状況を漏電と呼び，漏電箇所に人が触れることによって感電災害が起こる。

（a）　漏電による感電

　図9−44に漏電によって感電した状況を示す。

　一般に，低圧電源の一端はB種接地（系統接地）により，大地と電気的に接続されている。

電気機器の故障等によって内部回路が金属製外箱と電気的に接触してしまうと，金属製外箱の対地電圧は上昇する。その状態で人が触れると，漏れた電流は人体を通り，大地に抜け，Ｂ種接地を通って電源に戻る。

　大地やＢ種接地の抵抗値は低いため，状況によっては人体に危険な電流が流れる場合がある。

図９－44　漏電による感電

（ｂ）　接地による保護

　電気機械器具の金属製外箱等を，十分小さい抵抗値で大地と電気的に接続することを接地（機器接地）と呼ぶ。

　接地された電気機器で漏電が発生した場合の電流の流れを，図９－45に示す。接地抵抗値は人体の抵抗値に対して極めて小さいため，故障等によって漏電した電流は人体よりも接地極を通って積極的に大地へ流れ，結果として接触・感電した人に流れる電流を低い値に制限することができる。

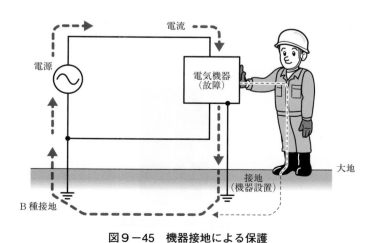

図９－45　機器接地による保護

　また，接地によって漏電から確実に保護するためには，使用する電圧の区分に応じた接地を施す必要がある（表9-13）。

表9-13　機器接地の種類

接地工事の種類	接地箇所	接地抵抗地
A種接地工事	高圧又は特別高圧で使用する機械器具の金属製外箱など	10Ω 以下
C種接地工事	300V を超える低圧で使用する機械器具の金属製外箱など	10Ω 以下 ※漏電した際，0.5秒以内に自動的に遮断できる場合は500Ω 以下
D種接地工事	300V 以下の低圧で使用する機械器具の金属製外箱など	100Ω 以下 ※漏電した際，0.5秒以内に自動的に遮断できる場合は500Ω 以下

（c）　漏電遮断器による保護

　漏電が起きた際，速やかに電路を開放して停電させることが，感電による被害を最小限に抑える上で有効的な手段になる。

　漏電遮断器は，回路に出入りする電流を常に監視し，漏電によって不平衡が生じた際に，回路を自動遮断する装置である（図9-46）。漏電遮断器には用途に応じて様々なタイプがあるが，感電防止には定格感度電流が30mA 以下，動作時間が0.1秒以下の高感度高速形を用いる。

　なお，漏電遮断器にはテスト機能が備わっており，通電中にテストボタンを押すことで漏電遮断機能が正常に動作するかどうか確認することができる。不意の漏電が発生した際，確実に漏電遮断器を動作させ，感電災害を防止するためには，このテスト機能を用いて定期的に動作チェックする必要がある。

b　電気機械器具の囲い

　電動機や変圧器等，直接触れることで感電のおそれがある電気機械器具を使用する場合は，その周囲を堅牢な柵で囲んだり，接地された金属製外箱に収めたりすることで，不意の接触による感電を防ぐことができる。

図9-46　漏電遮断器
（出所：パナソニック（株））

　また，接続端子等の充電部が露出しているものについては，ゴムやビニル製の絶縁カバー等を取り付けることで，同様の感電を防ぐことができる。しかし，これらの絶縁性能は常に一定に保たれているわけではなく，使用する環境によっては振動や温度，電圧といった要因により劣化していく。そのため，目視点検や絶縁抵抗計（メガー）を用いた絶縁抵抗測定によって定期的に良否を判定し，不良箇所があれば直ちに補修する等の措置を講じることが，感電を未然に防ぐことにつながる。

c　手持型電灯のガード

　図9-47に示すような手持型電灯（ハンドランプ）は，作業現場を臨時的に照らす照明器具として，多くの現場で用いられている。

　手持型電灯による感電災害としては，露出した口金部分（図9-48）や破損した電球の導入線に接触して起こるものが考えられる。そのため，手持型電灯の電球部分には，ガードを取り付けることが「安衛則」で求められており，直接接触しづらい構造になっている。

　またガードは，振動や衝撃から電球を保護する役割も担っており，破損した電球の破片による怪我を防ぐことにも役立っている。

　なお，ガードの使用以外の感電防止対策として，口金部分に電源の接地側電線を接続することで接触時の対地電圧を抑制し，根本的に感電災害を防ぐことも重要である。

図9-47　手持型電灯
（出所：（株）ハタヤリミテッド）

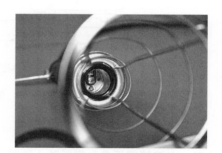

図9-48　手持型電灯の口金

d　溶接棒のホルダ

　交流アーク溶接作業等による感電災害は，主として二次側回路に作業者が接触したときに発生する。

　アークを発生させているときに，溶接棒ホルダに加わっている電圧はわずか20V前後と極めて低く危険性はあまりない。しかし，いったんアークの発生を中断させると，溶接棒ホルダと溶接母材との間の電圧（アーク溶接機二次無負荷電圧）は急激に上昇し，70〜80V，溶接機によっては100V以上となる。そのため，溶接棒先端，溶接棒ホルダの導電部分，溶接用ケーブルの心線，溶接機二次側端子等に，人が触れることで感電する。

　しかも，溶接作業は一般に暑熱で汗ばんでいること，狭あいな場所で行うことが多く，周囲の導電体に触れやすいこと，高所作業等では足元が不安定なこと等，種々の悪い条件が重なり合うため，特に危険性が高い。

　そこで，溶接棒ホルダは，JIS C 9300－11：2015「アーク溶接装置－第11部：溶接棒ホルダ」に規定された充電部分が露出しない絶縁形ホルダを使用し，また溶接棒ホルダは感電事故防止のために，溶接棒をクランプする部分以外はすべて絶縁物で覆われている必要がある（図9－49）。

　したがって，裸ホルダは使用すべきでない。また，次のような溶接棒ホルダは不適当なので，使用は避けなければならない。

① 絶縁物が脱落しているもの
② 著しい焼損や溶着粒（スパッタ）の付着があるもの
③ 絶縁物取付けねじが突出しているもの
④ 溶接用ケーブルの接続部が緩んでいるもの

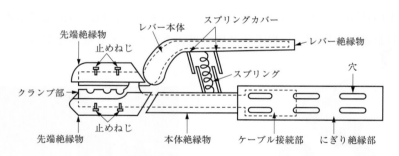

図9－49　溶接棒ホルダ

e　交流アーク溶接機用自動電撃防止装置

　交流アーク溶接作業において，二次無負荷電圧の低い交流アーク溶接機を用いたとしても，電撃の危険を完全になくすことは不可能である。したがって，交流アーク溶接機用自動電撃防止装置を使用することが必要となる。これは，アークを発生する瞬間だけ70～95V程度の電圧を加え，無負荷時は電撃の危険が全くない低い電圧（25V以下）に，自動的に低下させるようにしたものである。

　特に次に示すような場所で，溶接等の作業動作の際に身体が周囲の導電体に触れやすいところでは，必ずこの防止装置を使用しなければならない。

① ボイラー，圧力容器，タンク等の内部
② 鉄骨上や鉄けた上等，高さ2m以上の足元が不安定な場所で，鉄骨等の接地物に接触しやすいところ

f 電気機械器具の操作部分の照度保持

電気機械器具の中でも，配電盤や制御盤，分電盤等，何らかの操作が必要なものは，その操作を誤ることによって操作する者が感電したり，短絡によって火傷を負ったりする場合がある。また，操作者本人ではなく関係する作業者が，離れた場所で不意の通電によって感電することも考えられる。

このような誤操作による災害を減らすために，操作部分の位置や区分は容易に判別できるよう，必要な照度を確保することが「安衛則」で求められている。

操作部分の照度を向上させるには，部屋の照明や採光のレイアウトといった全般照明と考える方法があるが，盤内照明等によって局所的に向上させる方法もある（図9－50，図9－51）。

図9－50 全般照明による照度確保

図9－51 盤内照明による照度確保

（2） 配　　　線

ビルや工場等の建築物や電気機械器具に電気を供給する目的で，様々な種類の配線が施されている。これらの配線類は，施工の仕方によっては絶縁被覆等が損傷し感電災害の原因となるため，配線ごとの特徴や施工法について，十分理解した上で使い分けることが求められる。

a 絶縁電線等

原則として，配線には，導体の周囲をビニルやゴム等の絶縁物で被覆した絶縁電線を使用する（図9－52）。絶縁被覆のない裸電線も使用されているが，低圧の屋内配線では天井クレーン等に電気を供給するためのトロリー線等，一部の用途に限られる。

絶縁被覆の損傷や劣化によって絶縁性が損なわれると感電災害の原因になることから，低圧屋内配線では，がいしで支持して建築物等に固定するほか，金属製や合成樹脂製の電線管に収めて使用する。

絶縁電線をさらにビニルやゴムの外装に収めたものを，ケーブルという（図9－53）。ケーブルは外装によって機械的及び電気的強度が高められているため，建築物等に直接固定したり，地中に直接埋設したりすることができる。そのため，低圧屋内配線では，多くの箇所の配線と

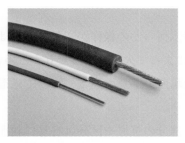

図9−52　電　　　線

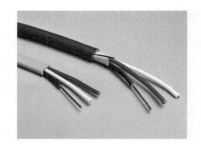

図9−53　ケ − ブ ル

して用いられている。

　これらの絶縁電線等は，固定や接続といった配線施工の不良によって，絶縁性が損なわれて感電災害の原因になるだけでなく，発熱により火災の原因にもなり得る。また，許容電流を超える使用によって絶縁被覆が劣化した場合も，同様に災害の危険性が高まる。災害を防止するためには，正しい施工法や使用法について，十分に理解を深めておくことが重要である。

b　移 動 電 線

　建築物等の配線では，ほとんどの電線やケーブル類は固定された状態で用いられる。それに対して，携帯電動工具や溶接機等の可搬型の電気機械器具等に電気を供給するため，固定されない状態で用いられるものを移動電線という（図9−54）。

　移動電線は固定されていないために，機器の使い方によっては壁や床と高い頻度で接触することがある。また，一時的に人や荷物が載ってしまうこともあるため，固定配線と比較すると被覆が損傷しやすく，絶縁性が損なわれることによって感電災害が発生する可能性が高まる。

　移動電線として使うことができる電線類は使用条件ごとに定義されているが，代表的なものにキャブタイヤケーブル類がある。キャブタイヤケーブルは移動電線として使うことを想定しているため，その外装は摩擦や衝撃，圧力に対して特に強い構造になっており，外装や被覆の損傷による感電災害が発生しにくい（図9−55）。

c　仮 設 配 線

　作業現場等では，作業用電源の確保や作業用照明を設置する目的で，短期間に限定して臨時

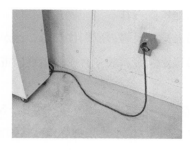

図9−54　移 動 電 線

図9−55　キャブタイヤケーブル断面

的に配線を仮固定する，仮設の配線を行うことが許されている。しかし，仮設配線といっても施工の状況が悪ければ，摩擦や衝撃，圧力によって絶縁被覆が損傷し，感電災害の発生源となってしまう。そのため仮設配線は，通路のように重量物が往来する箇所においては使用することはできない。

ただし，配線を重量物の圧力に耐え得るような堅牢な管やダクトに収める等，絶縁被覆が損傷しないような措置を講じてあれば，使用することも可能である。

（3）　停　電　作　業

建築物の電路や電気設備の新設作業，点検・修理等の業務を行う場合，感電災害を防止するためには，当然ながら電路を停電させた状態で作業を行うことが望ましい。

しかし，電路の通電・停電の状態を視覚として認識することは困難であるため，停電状態を見誤り，感電災害に発展する可能性がある。また，停電状態で作業をしていたとしても，作業現場の管理状況によっては関係者以外の者が介入し，不意の通電によって感電災害が起こる可能性もある。

そのため，安全に停電作業を行うためには，その中に潜む危険性を認識した上で，感電災害を防ぐ措置を講じることが重要となる。

a　停電作業時の措置

（a）　停電の確認

停電させる電路の開閉器等を開いたら，作業箇所にて必ず検電を行い，停電を確認する。

検電とは，接地された電力系統において対地電圧の有無を確認することによって，活線か停電かを判断する作業のことであり，使用電圧に応じた検電器を用いて行う（図9－56，図9－57）。

特に，分電盤の中には同じ型式の開閉器や遮断器が複数並んでいることが多いことから，作業員が操作を行う開閉器等を間違えることも考えられる（図9－58）。そのため，作業を開始する前に，グループ内で対象となる開閉器等の確認を行うとともに，停電したと思われる電路の検電を行うことが重要となる。

図9－56　検　電　器
(出所：長谷川電機工業（株）)

図9－57　検　電　作　業

図9-58　分　電　盤

（b）　開閉器等の通電禁止措置

　停電作業中，不意に通電されると感電災害に発展するため非常に危険である。そのため，停電に用いた開閉器等や分電盤の施錠，通電禁止の表示，監視人を配置するなどして，関係者以外の者が操作できないような措置を講じなければならない。

　また，停電の事情を知らない者は，独自の判断で開閉器等を操作しようと試みる可能性もあるため，事前に関係各所に向けて，停電作業の実施日時等を周知することも重要である。

（c）　残留電荷の放電

　停電させた電路に電力用コンデンサが接続されている場合，停電後もコンデンサ内に蓄えられた電荷が残留し，電圧を維持するため，感電する可能性がある（図9－59）。また，高圧系統の電力ケーブルは配線が長くなるにつれて大地との間に生じる静電容量も大きくなることから，電力用コンデンサと同様に残留電荷をもつことになる。

　残留電荷は時間の経過とともに自然放電するが，状況によっては長時間にわたり危険な電圧を維持する。安全な停電作業をするためには，抵抗付接地棒（図9－60）等を使って残留電荷を大地に放電，除去することが重要である。

　なお，対象のコンデンサ容量に対して放電棒の仕様が適切であることを確認する。

（d）　短　絡　接　地

　停電作業中の通電は重大な感電災害に発展するため，（b）においては通電させないようにする措置を説明したが，万が一にも通電されてしまった場合の対策も講じなければ，本当の安

図9-59　電力用コンデンサ

図9-60　抵抗付接地棒
（出所：（図9-56に同じ））

全は確保できない。

　主に高圧以上の停電作業においては，開閉器等を開き，検電器で停電が確認できたら，短絡接地器具を適切な位置に取り付けたのちに作業を開始する（図9－61）。

　短絡接地器具は，電源の各線（相）を短絡し，さらにそれを接地できるような構造になっている。短絡接地された電路に通電すると，電路の過負荷・短絡保護装置や地絡（漏電）保護装置が働き，再び電路を開放する。また，接地されていることにより，停電作業をしていた者に流れる電流を制限し，感電災害を防ぐことができる。

　なお，短絡接地中はその旨を示す標識を開閉器等に掲げるとともに，作業が終了して再び通電する際は，忘れずに短絡接地器具を取り外さなければならない（図9－62）。

図9－61　短絡接地器具
（出所：（株）ムサシインテック）

図9－62　短絡接地の表示

b　断路器等の開路

　断路器は，電気設備の点検や修理の際，電路を区分するために用いられる機器で，主に高圧及び特別高圧の電路で用いられている（図9－63）。

　断路器は開閉器と似たような形状をしているが，接点には電流の遮断能力はない。そのため，負荷電流が流れている状態で開路すると接点間にアークが発生し，断路器が破損するだけでなく，そこから短絡事故や感電事故に発展する可能性もある。したがって，断路器は負荷電流の通電中に開路してはならない。

図9－63　断　路　器

　断路器は，主に電気室内の受電設備に設けられているが，断路器の操作を行う箇所には通電中の開路を禁じる旨を表示し，通電中の開路を防ぐよう努めなければならない（図9－64）。

　また，別の方法として，当該電路の開閉器等と断路器を電気的若しくは機械的に連動させ，開閉器等が閉じている状態では断路器を開路させることができないような仕組みにすることも有効である。

図9－64　断路器操作部の表示

（4）　活線作業及び活線近接作業

　送電線や配電線，その他電気設備等の点検や修理の作業では，感電災害を防止する観点から，電路を停電させた状態で作業を行うことが原則であると考えるべきである。しかし，広範囲に及ぶ電力供給の停止等，社会的影響が大きくなる状況によっては，やむを得ず活線状態で作業をせざるを得ない場合もある。

　なお，直接電路に手を加えない作業であっても，活線に近接して作業を行う以上，作業ミスによって不意に活線と接触し，感電する可能性もある。また特別高圧ともなると，その高い電圧から，直接接触していなくても空気中をアーク放電するフラッシュオーバー（閃絡）によって感電に至ることもあり得る。

　いずれにしても，停電作業に比べて感電の可能性は格段に高くなるため，正しい知識と準備をもって作業に臨むことが重要である。

a　絶縁用保護具等

　活線作業では，感電を防ぐために絶縁用保護具等の装着は必須である。また，活線近接作業であっても，不意の接触やフラッシュオーバーによる感電を防ぐため，活線作業と同様の準備が必要である。

　絶縁用保護具等には必ず耐電圧性能が定められており，それを超える電圧に対しては保護性能を発揮することはできない。そのため，作業時には電路等の電圧を確認し，その電圧に耐え得る性能の保護具等を使用する。間違っても耐電圧性能の不足する保護具等を使用してはならない。

　また，絶縁用保護具等の絶縁性能は恒久的に発揮されるものではなく，日々の使用や経年劣

化によって，確実に性能が低下していく。そのため，定期的な絶縁性能の点検（「安衛則」による定期自主検査）と使用前の簡易点検を実施し，異常があるものは使用しない等，安全管理を徹底する必要がある。

（a）　絶縁用保護具

絶縁用保護具は，活線及び活線近接作業の際，作業者が身に着けるものであり，身に着ける部位ごとに，電気絶縁用手袋，電気絶縁用安全帽，電気用絶縁衣，電気用長靴等がある（図9－65～図9－68）。

作業を行う性質上，特に電気絶縁用手袋には切傷やピンホール等の欠陥が生じやすく，そこから感電災害に発展する可能性がある。そのため，使用前の目視点検や空気試験を十分に行うと同時に，切傷等から電気絶縁用手袋を保護するための皮手袋を重ねて装着する等の措置を講じる必要もある。

図9－65　電気絶縁用手袋

図9－66　電気絶縁用安全帽

図9－67　電気用長靴

（a）

（b）

図9－68　電気絶縁用縁衣
（図9－65～図9－68　出所：ヨツギ（株））

（b）　絶縁用防具

絶縁用防具は，活線及び活線近接作業の際，作業者が不必要に充電部分へ接触することを防ぐため，電路や機器に取り付けるものである。対象物に合わせて，適切な形状のものを使用する（図9－69，図9－70）。

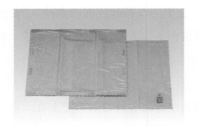

図9－69　電気用絶縁シート
（出所：（図9－65に同じ））

図9－70　電気用絶縁管
（出所：（図9－65に同じ））

b　低圧活線作業・活線近接作業

　低圧の作業は，高圧や特別高圧に比べると危険性が低いと認識されがちである。しかし低圧であっても，感電した場合には，人を十分死に至らしめる電圧であることを忘れてはならない。また，限られた区画でのみ扱われている高圧や特別高圧と違い，身近な場所で当たり前のように使われていることから，低圧における事故件数は決して少なくないことも知っておくべきである。

　可能であれば停電作業をするべきであるが，やむを得ず活線作業・活線近接作業をする場合は，低圧の危険性を理解した上で，次のことに注意しながら進めていく。

（a）　グループ作業

　作業は単独ではなく，複数人のグループで行うことが望ましい。作業開始前にグループ内で，作業内容や危険性について確認することによって，単独作業時よりも危険に対する感受性を高めることができる。また，事故が起きた際，互いに助け合うことができることも大きなメリットである。

（b）　絶縁用保護具の着用

　保護具は，日頃から安全性が管理されているもので，使用電圧に対応したものを使用する。低圧用の保護具には手袋など限られたものしかないため，その他の部位に保護具を着用する場合は，高圧用の保護具を着用してもよい。

　また，着用前に目視検査や簡易空気試験を行い，異常がないか確認してから着用する。着用後はグループ内で，正しく着用できているか互いに点検する。

（c）　絶縁用防具の装着

　作業箇所周辺の，接触によって感電等の災害が起こる可能性がある箇所には，絶縁用防具を装着する。保護具同様に，使用前には簡易点検を行い，正しく装着する。

　なお，防具を装着する作業も活線作業になるため，必ず絶縁用保護具を装着した状態で行う。また，感電した際の電流が流れる経路にも留意し，作業する床面等にも絶縁ゴムシート等を敷くことで，万が一の感電に対する備えにもなる。

c　高圧活線作業・活線近接作業

　作業に対する考え方は基本的に低圧の場合と同じだが，高圧活線作業・活線近接作業は，一瞬のミスによって感電し，死亡災害にまで発展する可能性が高い。よって，より高度な専門知識と技能を身に付け，保護具や防具の準備等も万全にした上で臨む必要がある。

　活線作業をより安全かつ効率的に行うため，状況によってはホットスティック等の活線作業用器具を用いる（図9－71）。ホットスティックは，電線類の切断や保持，被覆の剝ぎ取りといった作業用の工具が，絶縁棒の先端に取り付けられている器具である。工具と隔てられた操作部とは絶縁棒によって離隔されており，充電部に直接触れなくても作業することができるようになっている。

d　特別高圧活線作業・活線近接作業

　活線作業・活線近接作業に対する心構えは高圧の場合と同様だが，特別高圧の場合は，充電部分に接近するとフラッシュオーバーによって感電する可能性があるため，容易に近づくことができない。それによって，作業の進め方も低圧や高圧の場合と異なる部分もあるため，注意を要する。

　特別高圧用の絶縁用保護具等の規格は定められておらず，実際に特別高圧を扱う作業に耐え得る保護具等は存在しない。そのため，作業は特別高圧に対応したホットスティック等の活線作業用器具を用いて行うが，その際，身体の一部分が充電部分に近づきすぎないよう，電圧ごとに定められた接近限界距離を保たなければならない（表9－14）。

図9－71　ホットスティック
（出所：大東電材（株））

表9－14　接近限界距離
（出所：「安衛則」第344条）

充電電路の使用電圧 [kV]	充電電路に対する 接近限界距離 [cm]
22以下	20
22を超え33以下	30
33を超え66以下	50
66を超え77以下	60
77を超え110以下	90
110を超え154以下	120
154を超え187以下	140
187を超え220以下	160
220を超える場合	200

e　工作物の建設時の感電防止

　ビルや工場等の建設工事の現場では，作業用クレーンのジブや鋼管足場が，高圧の架空電線路等に接近するような場面がある。万が一クレーンや足場上の作業員が充電部に接触すると感

電災害を引き起こす可能性があるため，表9−15に示す離隔距離を保つように，架空電線路等を移設しなければならない。構造上，架空電線路等の移設が不可能な場合は，絶縁効力のある囲いを設けたり，絶縁用防護具を装着したりしなければならない。

　絶縁用防護具は，架空電線路等の充電部に装着することにより感電災害を防ぐ器具であり，形状は絶縁用防具と酷似している（図9−72，図9−73）。しかし，絶縁用防具は活線作業及び活線近接作業時に使用するものであり，建設作業時等の感電防止に使用する絶縁用防護具とは，その用途も規格も異なる。よって，形状が似ているからといって，この両者を混同して使用してはならない。

表9−15　移動式クレーン等の機体，ワイヤロープ等と充電電路の離隔距離
(出所：労働省「移動式クレーン等の送配電線類への接触による感電災害の防止対策について」)

電路の電圧	離隔距離
特別高圧	2m，ただし，60,000V 以上は10,000V 又はその端数を増すごとに20cm 増し
高　　圧	1.2m
低　　圧	1 m

図9−72　絶縁用防護具（シート状）
(出所：ヨツギ（株）)

図9−73　絶縁用防護具（線カバー状）
(出所：(図9−72に同じ))

5.3　電気設備による引火，爆発の防止

　引火性のガス，可燃性の液体の蒸気や粉じん等が存在している大気中で，それらの濃度が爆発範囲に入るおそれがある場合には，作業場の通風，換気，除じん等を行う必要がある。しかし，これらの措置を行ってもなお爆発のおそれがある場所に電気機器を設置すると，その電気機器の接点における火花，過熱等が点火源となって引火，爆発を起こす危険がある。

　したがって，このような危険場所に設置する電気機器は，防爆構造のものにしなければならない（図9−74，図9−75）。

　なお，防爆構造の電気機器には，ガスや蒸気に適した防爆性能を有するものと，粉じんに適した防爆性能を有するものとがあり，環境の危険度に適したものを選定して使用すべきである。

また，移動式あるいは可搬式の防爆構造電気機器を使用するときは，その日の使用を開始する前に，当該機器及びこれに接続する移動電線の外装並びに，機器と移動電線との接続部の状態を点検し，異常がある場合は，直ちに補修する必要がある。

図9−74　防爆型スイッチ
（出所：岩崎電気（株））

図9−75　防爆型照明器具
（出所：星和電機（株））

5.4　静電気災害の防止

　静電気が放電したとき，周辺に可燃性のガスや蒸気，粉じん等が存在していると，点火源として引火し，火災や爆発を起こすおそれがある。また，静電気により帯電している物体に人が接触すると，強い電撃を受けることがあり，そのショックにより転倒，墜落等の二次的災害を引き起こす原因となることがある。

　この静電気は，一般に異種の物体が摩擦，接触，はく離するときに発生するものであるが，特に次のような作業時に多く発生しやすい。

① 　ガソリン，蒸気，小麦粉等の気体，液体，粉体等を流送する作業
② 　気体，液体，粉体等を噴出する作業
③ 　液状物を塗布する作業
④ 　固体の粉砕，粉体の混合，ふるい分け等の作業
⑤ 　液体のろ過，混合，かくはん等の作業
⑥ 　ロールによる印刷の作業

なお，静電気の災害を防止するためには，どんな作業が静電気を発生しやすいかをよく認識し，静電気の発生原因をできるだけ少なくするように措置をとることが必要である。また，いったん発生した静電気は速やかに除去することが大切であり，その方法としては次のものが挙げられる。

① 　接地工事
② 　除電剤の使用
③ 　湿気の付与
④ 　除電装置の使用

　これらの方法のうち接地工事については，発生した静電気が蓄積しないよう大地へ流すための措置であるので，銅製接続ボンド，接地導線，接地極棒等を使用し，確実に接地工事をしておく必要がある。

　また，湿気の付与については，静電気を発生する設備の周辺の空気中に水を噴霧して，その周辺の相対湿度をおおむね70％以上に保たせることにより，発生した静電気を空気中に放電したり，接地の効果を上げることができる。

　なお，除電装置としてコロナ放電作用を利用する方法は，引火性の蒸気，可燃性のガス等を発生する設備に対しては，危険があるので用いてはならない。

5.5　管　　理

　電気設備に限ったことではないが，安全を考える上で重要となる要素に，「人」と「もの」の管理がある。

　電気工事等の作業は，そのほとんどがグループ単位で行われ，単独の作業は限られる。そのため，各々の作業員が高度な技術や技能をもっていたとしても，グループ内で作業管理を徹底し，意思統一を図らなければ，その能力を発揮できないばかりか，感電災害等が容易に起こる可能性もある。

　安全作業器具についても，その器具が本来もっている安全性能を発揮させるためには，日頃の機器管理を十分に行い，常に最良の状態を保つようにしなければならない。

　この二つの要素は，どちらか一方でも欠けてしまえば安全を確保することはできないため，それぞれの重要性を理解しつつ，管理方法について習熟していかなければならない。

（1）　電気工事の作業指揮者

　停電作業や高圧及び特別高圧の活線作業・活線近接作業を行う場合，作業指揮者を定めて直接指揮させることが「安衛則」によって定められている。当然ながら，これらの作業はグループで進めていくため，作業指揮者の指揮のもと，意思統一された作業を進めなければ安全は確保できない。

　作業指揮者は，作業開始前に作業員を集めてツールボックス・ミーティング（TBM）を開き，作業の方法や順序の確認を行う。また，具体的な危険箇所等を目前に簡易的な危険予知訓練（KYT）をすることで，即効性のある災害防止活動になる。

　作業中，作業指揮者は指揮に専念し，作業が手順どおりに進んでいるかどうか，また安全用具が適切に使用されているかどうかの確認等，進行管理や安全管理を中心に行う。安全を確保するためには，作業員も指揮者の指示には従わなければならない。

　停電作業では，停電に用いた開閉器等の施錠や監視等の安全管理が必要になる。また，停電

電路における残留電荷の除去や短絡接地器具の取り付け・取り外し等もあるため，安全管理の項目は多くなる。これらは順序を間違えると，感電事故や短絡事故等の大きな災害に発展する可能性があるため，状態を確実に確認してから，作業の着手を指示することが重要である。

（2）　使用前点検

電気機械器具に異常があった場合，そのまま使用すると感電や短絡といった災害が発生してしまう可能性がある。また，絶縁用保護具や防具等の安全作業用具も，正常に機能しなければ災害から人を護ることはできない。

「安衛則」では電気機械器具等における使用前点検が義務づけられており，異常がある場合は補修や交換をすることになっている。決して，異常がある状態のまま使用してはならない。

表9－16に，電気機械器具等の種別と使用前の点検項目を示す。

なお，使用前点検で異常が検出されないようにするためには，定期的に実施する，より精密な点検によって十分管理することも併せて重要である。

参考として，図9－76に検電器の点検の様子を示す。

表9－16　電気機械器具等の使用前点検項目
（出所：「安衛則」第352条）

電気機械器具等の種別	点検事項
溶接棒等のホルダ（331条）	絶縁防護部分及びホルダ用ケーブルの接続部の損傷の有無
交流アーク溶接機用自動電撃防止装置（332条）	作動状態
感電防止用漏電しゃ断装置（333条1項）	接地線の切断，接地極の浮上がり等の異常の有無
電動機械器具（333条2項）	
移動電線及びこれに附属する接続器具（337条）	被覆又は外装の損傷の有無
検電器具（339条1項3号）	検電性能
短絡接地器具（339条1項3号）	取付け金具及び接地導線の損傷の有無
絶縁用保護具（341条～343条）	ひび，割れ，破れその他の損傷の有無及び乾燥状態
絶縁用防具（341条，342条）	
活線作業用装置（341条，343条～345条）	
活線作業用器具（341条，343条，344条）	
絶縁用保護具及び活線作業用器具（346条，347条）	
絶縁用防具（347条）	
絶縁用防護具（349条3号，570条1項6号）	

※（　）は対象となる電気機械器具等を示す「安衛則」の条項

図9－76　検電器の点検

（3）　囲い等の点検

「5.2　（1）電気機械器具」で前述したとおり，充電部分が露出していることにより感電の危険の生じるおそれのある器具には，囲いや絶縁カバーを設けることが「安衛則」で求められている。しかし，これらも，日々の使用による接触や経年劣化により異常が発生する可能性があるため，毎月1回以上，損傷の有無について点検を実施することが，同様に「安衛則」で求められている（図9－77，図9－78）。

異常がある場合，それを放置すると感電災害に発展する可能性があるため，直ちに修理しなければならない。

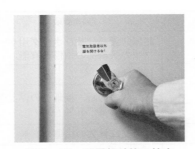

図9－77　配電盤外箱の検査

図9－78　溶接絶縁カバーの検査

第6節　荷役作業

荷役とは，船荷を上げ下ろしすることが語源であり，陸上で貨物の輸送機器への積み込みや荷下ろし，又は倉庫やヤード等への入庫・出庫を総称した作業のことを荷役作業という。貨物を出し入れする輸送機器には，トラック，貨物，船舶，航空機等がある。

また，荷役作業ではクレーンによる貨物の上げ下ろし，コンベヤ，フォークリフト，ショベルローダ，移動式クレーン，ダンプトラック，その他の荷役運搬機械等による貨物の出し入れが行われる一方，人の力で行う作業等もある。

6.1　貨物取扱作業

①　貨物の取り扱いに用いるロープ等（図9－79）には，ストランドが切断しているもの，著しい損傷があるもの，又は腐食した繊維ロープを使用してはならない。

②　繊維ロープを貨車の荷掛けに使用するときは，その日の使用開始前に，ロープを点検する。

③　貨車から荷物を降ろすときは，中抜きをしない。

④　ふ頭，岸壁等の荷役作業場所では，次のよるものとする。

　1）　作業場所，通路に照明設備を設ける。

　2）　ふ頭，岸壁の線に沿って設ける通路の幅は，90cm 以上とし，障害物は取り除く。

　3）　陸上の通路，作業場所のぐう角（墜落危険のある曲がり角のこと），橋等の危険部分は，囲い，柵等を設ける。

⑤　はい付け，はいくずし

　「はい」とは，袋物，箱物，鋼材，木材等を倉庫や土場に積み重ねられた荷の集団をいい，小麦，大豆，鉱石等のバラ物の荷は除かれる。

　はい上で結束を外す作業や，はい上のものをばらす作業も「はいくずし」になる。また，はい上の作業には，はい付け，はいくずしのほか，検数，点検等の作業も含まれる。

　1）　はいの上で作業を行う場合は，作業箇所の高さが1.5m を超えるときは，昇降設備を設ける。

　2）　容器が袋，かます，又は俵の荷によるはいと，それに隣接するはいの間隔は，はいの下端において10cm 以上とする。

　3）　高さ2 m 以上のはいくずしを行うときは，次によるものとする（図9－80）。

　　・　中抜きをしない。

　　・　容器が袋，かます，又は俵の荷によるはいは，ひな段状にくずし，ひな段の各段（最

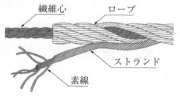

繊維心　　ロープ

ストランド

素線

ロープは，数本～数10本の素線を単層又は多層により合わせたストランドを通常は6本を心鋼の周りに所定のピッチでより合わせて作られる。

３ストランド　　６ストランド　　８ストランド

図9－79　ワイヤロープの構造

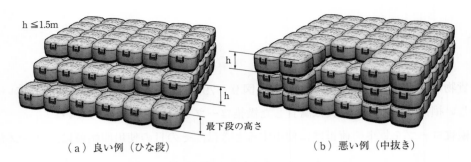

（a）良い例（ひな段）　　　　　　　　　（b）悪い例（中抜き）

図9−80　容器が袋状の荷のはいくずし例

　　下段を除く）の高さは1.5m以下とする。

4）　はいの崩壊，落下による危険のおそれのあるものは，ロープで縛り，網を張り，く
　　い止めを施し，はい替え（別の場所にはい付け）等を行う。

5）　はい付け，はいくずしの作業中において，危険な場合には関係労働者以外の立ち入
　　りを禁止する。

6）　必要な照度を保持する。

7）　高さ2m以上のときは，保護帽を着用する。

6.2　港湾荷役作業

　港湾荷役作業は，港湾内で船と陸との間で行われる貨物の積卸し作業全般をいう。港湾荷役
作業では，次のように定められている。

①　ばくろ甲板（船の最上部の甲板）の上面から船倉の底までの深さが1.5mを超える船倉
　　内で，荷の取り扱いの作業を行うときは，通行設備を設ける。

　　この場合，クレーン等揚貨装置で，荷の巻き上げ・巻き卸し作業を行っているときは，
　　通行設備の通行を禁止する。

②　作業を行う場合は，必要な照度を保持する。

③　揚貨装置等を用いて，船倉内部から上げ卸しするときは，次によるものとする。

　1）　荷は，ハッチの直下に移して（荷の巻き出し）から巻き上げる。

　2）　荷の巻き出し，又は引き込み（ハッチの直下の荷を，直下以外の場所へ引き込む）
　　　を行うときは，巻出索・引込索に用いる溝車をビームクランプ，シャックル等の取り
　　　付け具で，船に確実に固定する。

　3）　揚貨装置等を用いて，巻出索又は引込索により荷を引いているときは，当該索の内
　　　角側で，当該索又は溝車が脱落することによって労働者に危険を及ぼすおそれのある
　　　箇所に労働者を立ち入らせてはならない。

4）　ドラム缶等を巻き上げるときは，ドラムスリング等，荷が外れることのないような構造のフック付きスリングを使用する。

5）　綿花，羊毛等でベール包装されているものの巻き上げを行うときは，当該荷の包装に用いてる帯鉄，ロープ等にスリングのフックを掛けてはならない。

④　小麦等，ばらものの荷を降ろす作業を行う場合に，シフチングボード，フィーダボックス等の隔壁が倒壊すること等を防止するため，これらを外した後，作業を行う。

1）　シフチングボードとは，大豆等ばらものの荷が，船舶の動揺により，移動することを防止するため，船内に設ける仕切板である。

2）　フィーダボックスとは，大豆等ばらものの荷が，船舶の動揺により沈下して船倉の上部に空隙が生じるのを防止するため，ハッチに設ける囲い板状の荷補給装置をいう。

⑤　港湾荷役作業を行うときは，保護帽を着用する。

6.3　揚貨装置の取り扱い

揚貨装置を用いて荷の上げ・卸し作業を行うときは，次によるものとする。

①　作業開始前に装置の作動状態を点検する。

②　一定の合図を定め，合図を行う者を揚貨装置ごとに定める。

③　運転者は，揚貨装置に荷をつったまま離脱してはならない。

④　玉掛けに用いるワイヤロープ等の安全係数は，次に定めるところによる。

ワイヤロープ…………6以上

鎖………………………5以上

フック…………………5以上

シャックル……………5以上

⑤　次に示すワイヤーロープは，玉掛けに使用してならない。

1）　1よりの間において素線の数の10％以上の素線が切断したもの

2）　直径の減少が公称直径の7％を超えているもの

3）　著しい形くずれ・腐食したもの

ワイヤには，フィラー線は除かれる。フィラー線とは，ワイヤロープの変形を防止するため，素線との間により込んだ細かい素線のことである。

4）　キンクしたもの

キンクとは折れ，よれ，潰れにより，元に戻りにくくなることである（図9-81）。

⑥　次に示す鎖は，玉掛けに使用してはならない。

1）　伸びが製造時の長さの5％を超えるもの

2）　リンクの断面の直径の減少が，製造時の直径の10％を超えるもの

　3）　亀裂があるもの

　　　変形，亀裂のあるフック，シャックル又はリングを玉掛けに使用してはならない。

⑦　その日の作業開始前に，スリング（フック付き，もっこ，ワイヤー等の各スリング）の
　状態を点検すること（図9－82，図9－83）。

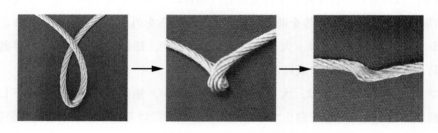

図9－81　キンク発生の過程
（出所：大洋製器工業（株））

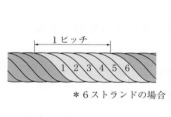

図9－82　ワイヤロープの1より

図9－83　ドラムスリング

第7節　伐木作業

7.1　チェーンソーによる伐木・造材

（1）　保護具等

　保護具等は，身体の一部がソーチェーン等に接触しそうなときに保護する最後の砦となる重
要なものである。したがって，防護性能が高いもの，作業性能がよいもの，視認性が高いもの，
人間工学的に使いやすいものを選定するのが好ましい。

　選定に当たっては，次のことに留意しなければならない。

①　防護ズボン

　　前面にソーチェーンによる損傷を防ぐ保護部材があるものを使用する。

② 衣　　　服

　　皮膚の露出を避ける。袖締まり，裾締まりのよいものとすること。また，防湿性，透湿性を備えていること。

③ 手　　　袋

　　防振，防寒に役立つものであること。

④ 安　全　靴

　　つま先，足の甲，足首及び下腿の前側半分にソーチェーンによる損傷を防ぐ保護部材が入っていること。

⑤ 保　護　帽　等

　　保護網・保護眼鏡及び防音保護具・保護帽を着用する。チェーンソーのエンジンを掛けているときは耳栓等を使用する。

（2）　チェーンソーの取り扱い方法

① 選　　　定

　　できるかぎり軽量なものを選定し，ガイドバーの長さが，伐倒のために必要な限度を超えないものとする。

② 始　動　方　法

　　エンジンを始動させるときは，原則として地面に置き，保持して行う。

③ 基本的な姿勢

　　使用に当たっては，前ハンドルと後ハンドルに親指を回して確実に保持し，振動や重さによる身体への負荷を軽減するため，チェーンソーを身体の一部及び原木で支える。

　　なお，チェーンソーを肩より高く上げて作業しない。

④　携行時の静止確認

携行して移動する前には，チェーンブレーキをかけ，ソーチェーンの静止を確認する。

（3）　チェーンソーによる伐木作業

a　安全衛生教育

伐木作業を行う場合は，「大径木，偏心木等に係る特別教育」等（「巻末資料3」参照）を修了したものでなければならない。

b　作業前の準備

①　林道，歩道等の通行路及び周囲の作業者の位置，地形，転石，風向，風速等を確認する。

②　立木の樹種，重心，つるがらみや枝がらみの状態，頭上に落下しそうな枯れ枝の有無等を確認する。

③　安全な伐倒方向を確認する。

なお，伐倒方向は，斜面の下方向に対し45°〜105°の方向を原則とし，このうち45°〜75°の間の斜め方向が望ましい（図9−84）。

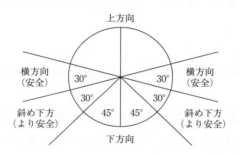

図9−84　安全な伐倒方向

c　立入り禁止及び退避

①　伐木作業時は，常に安全な距離を確保する。

②　伐木等が転落し，又は滑ることによる危険を生じるおそれのある所には，労働者を立ち入らせない。

③　伐倒作業時，立木の樹高の2倍の区域内への伐倒者以外の立ち入りを禁止する。

④　隣接して伐倒作業を行う場合は，立木の樹高の2.5倍の区域内への伐倒者以外の立ち入りを禁止する。

⑤　退避ルートの選定と整備をする。

⑥　合図前の伐倒者以外の退避を確認する。

⑦　伐倒者の退避

d　基本的伐倒作業

正しい追い口切り，受け口切りにより，同一形状のくさびを2個以上使用すること（図9－85）。

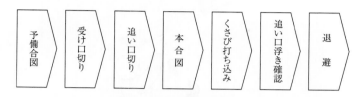

図9－85　作業手順例

（4）　チェーンソーによる造材作業

a　基本的な安全確保

① 転落し，又は滑ることにより労働者に危険を及ぼすおそれのある伐倒木，玉切材，枯損木等には，くい止め，歯止め等を行う。

② 作業の支障となるかん木等をあらかじめ取り除く。

③ 斜面の上部で作業を行う。

④ 足を原木やチェーンソーの下に入れない。

b　枝払い作業

① 原木の安定の確認，足場の確保を行う。

② 伐採現場での作業が困難な場合は，材を動かしてから枝払いを行う。

③ 原則として元口の山側に立ち，先端に向かって枝払いを行う。

④ 跳ね返るおそれのある枝やかん木はのこ目を入れる等により，反ぱつ力を弱めておく。

⑤ 枝は原則としてガイドバーの根元の部分で払う。

⑥ 原木の上で枝払い作業を行わない。

⑦ 移動前にはチェーンブレーキをかけ，チェーンの静止を確認する。

⑧ 支え枝は，原木の安定を確かめてから切り払う。

⑨ 同時に二人以上で同一の原木の枝払いをしない。

7.2　機械集材及び運材索道

（1）　構　造　関　係

機械集材及び運材索道における構造関係の安全について，制動装置等，ワイヤロープ，業索，巻過防止装置等，集材機又は運材機，転倒時保護構造及びシートベルト，ヘッドガード，防護柵等，最大使用荷重等の表示と遵守等が規制されている。

（2）　使用関係

　機械集材及び運材索道における使用する上での安全について，作業場所の地形等，支柱とする立木等の調査及び記録作業計画，作業主任者の選任，作業指揮者による指揮，労働者の立入り禁止，ブーム等の落下による危険の防止，運転者と荷掛け又は荷外しをする者の合図，搭乗の制限，悪天候時の作業禁止，点検及び補修，運転位置から離れる場合の措置，運転位置からの離脱の禁止，主索の安全係数の検定及び試運転，保護帽の着用等が定められている。

第8節　鉄骨組立て作業等

8.1　鉄骨建物組立て等の作業

　あらかじめ以下に示す作業計画を定め，かつ当該作業計画によって作業を行い，関係労働者に周知しなければならない。
　① 作業の方法及び順序
　② 部材の落下又は倒壊を防止するための方法
　③ 作業従事者の墜落による危険防止の設備設置の方法

8.2　木造建築物組立て等の作業

　作業区域内には，関係労働者以外の労働者の立ち入りを禁止し，強風や大雨，大雪等の悪天候のため作業の実施について危険が予想されるときは，当該作業を中止する。

　材料や器具，工具等を上げ，又は下すときは，つり綱，つり袋等を使用する。

8.3　コンクリート造の工作物の解体等の作業

　作業区域内には，関係労働者以外の労働者の立ち入りを禁止し，強風や大雨，大雪等の悪天候のため作業の実施について危険が予想されるときは，当該作業を中止する。

　材料や器具，工具等を上げ，又は下すときは，つり綱，つり袋等を使用する。

　また，外壁，柱等の引倒し等の作業を行うときは，引倒し等について一定の合図を定め，周知する。引倒し等により危険を生じるおそれのあるときは，当該作業に従事する労働者にあらかじめこの合図を行わせ，他の労働者が避難したことを確認させた後でなければ作業を行わせてはならない。

第9節　墜落，飛来，崩壊等の危険防止

9.1　墜落防止の基本原則

墜落災害が発生しやすい作業場所は，主に次のとおりである。

① 足場

② はしご

③ 桟橋等の仮設通路

④ ピットその他の床面の開口部

⑤ 屋根及び電柱

⑥ 崖等の急斜面

　しかし墜落は，作業箇所が周囲より高い場所であれば，どこでも起こる可能性がある。これらの箇所からの墜落を防止するための一般的な対策は次のとおりである。

① 高所作業をできるだけ少なくし，地上でできる作業は地上で行うように作業の手順を工夫する。

② 高所作業には，足場，ローリングタワー（脚輪を取り付けた移動式の足場），脚立等の設備を使って作業床を作る。

③ 作業床は，次の要件を満たすものであること。

　1) 適当な広さである。

　2) 床材は転位したり，脱落しないようになっている。

　3) 手すりが設けられている。

④ 作業床を設けることができないとき，作業床に手すりを取り付けることが困難なときなどには，墜落制止用器具を使うか，墜落防止用の網を張る等の措置を講じる。

⑤ 墜落制止用器具を使用するときは，有効に使えるように親綱を張るなど取付け設備について工夫する。

⑥ あまり高くない箇所で，短い時間作業を行うときは，脚立，はしご等の設備を使用する。

⑦ 作業床等の上は，特に整理・整頓をよくし，不急不用の物はみだりに置かない。

　やむを得ず作業床上に物を置くときは，小物類は箱に入れ，場合によっては落ちないように固定しておく必要がある。

⑧ 高所作業者は，次のことを順守する。

　1) 高い所では，乱暴な行動をしない。

　2) 身支度をきちんと行い，特に，滑りやすい履物や脱げやすい履物は使わない。

　3) 身体の具合が悪いときや前夜十分に休めなかったときは，危険な作業には就かないようにし，無理を避ける。

　4) 安全帽はきちんとかぶり，あごひもは確実に締める。

⑨ 高年齢の者には，危険な作業に就かせないようにする。

⑩ 悪天候のときは，屋外の高所作業は行わない。

9.2　墜落災害の防止対策

（1）　足場及び足場上の作業

　足場とは，建設物や船舶等の高所部で，部材の取り付けや塗装等の作業をする際に，労働者が作業箇所に接近して，作業が行えるように設ける仮設の作業床，及びそれを支持する仮設物のことである。本足場，張り出し足場，つり足場等の種類がある（図9－86）。

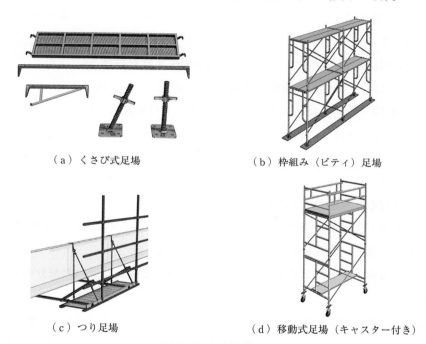

（a）くさび式足場　　　　　　　　（b）枠組み（ビティ）足場

（c）つり足場　　　　　　　　（d）移動式足場（キャスター付き）

図9－86　足場の例

a　足場材料等

（a）材　　　料

　足場材料には，著しい損傷や変形，腐食がなく，木材については割れ，虫食い，節，繊維の傾斜等，強度上の著しい欠陥がないものを使用する。

（b）鋼管足場に使用する鋼管等

鋼管足場に使用する鋼管は，次によるものとする。

① 鋼管足場の材料は，付属器具を含め，JIS A 8951：1995「鋼管足場」に適合するものを使用する。

② 上記に定める以外のもので，付属金具は圧延鋼材，鍛鋼品又は鋳鋼品とする。

（c）最大積載荷重

作業床の最大積載荷重を定め，それを超えて積載しない。つり足場の作業床の安全係数は次

による。

① つりワイヤ，つり鋼線…………10以上

② つり鎖，つりフック……………５以上

③ つり鋼帯，つり足場の支点……鋼材2.5以上，木材５以上

（d）作　業　床

足場（つり足場を除く）で，地上又は床上から高さ２m 以上の作業場所には，次の作業床を設ける。

① 幅（つり足場を除く）は40cm 以上，床材間は３cm 以下とし，床材と建地との隙間は12cm 未満とする。

② 墜落のおそれのある箇所は，高さ85cm 以上の手すりを設ける。

③ 腕木，布，はり，脚立等作業床の支持物は，荷重によって破壊しない。

④ 床材は，転位・脱落しないように２箇所以上の支持物に取り付ける。ただし，次のいずれかに該当するときは，この限りではない。

１） 幅20cm 以上，厚さ3.5cm 以上，長さ3.6m 以上の板を用いて移動させる場合で，次の措置を講じるとき

・ 足場板を３箇所以上の支持物に架け渡す。

・ 足場板の支点から突出長さ10cm 以上とし，かつ，突出部に足を掛けるおそれのない場合を除き，足場板の長さの1/18以下とする。

・ 足場板を長手方向に重ねるときは，支点の上で重ね，重ねた部分の長さは20cm 以上とする。

２） 幅30cm 以上，厚さが６cm 以上，長さが４m 以上の板を用いる場合で，１）の床材のうち，足場板の支点からの突出し長さ及び長手方向に重ねるときの規程を準用するとき

b　鋼管足場

鋼管足場は，次によるものとする。

① 足場の脚部には，ベース金具を使用し，敷板，敷角，根からみ等を設ける。ただし，脚輪を取り付けた移動式足場は，この限りではない。

② 脚輪を取り付けた移動式足場は，ブレーキ，歯止めで脚輪を固定させるか，足場の一部を建設物に固定させる等を行う。

③ 鋼管の接合部又は交差部は，これに適合した付属金具を使用し，確実に接合し，又は緊結する。

④ 筋かいで補強する。

⑤ 一側足場や本足場，張出し足場は，表９−17に示す間隔で，壁つなぎ又は控えを設ける。引張材と圧縮材で構成されているものは，引張材と圧縮材との間隔は１m 以内とする。

⑥　架空電線路に接近して足場を設けるときは，架空電路の移設，架空電路に絶縁防具の装着等架線電路との接触防止の措置をとる。

表9－17　壁つなぎ間隔
（出所：『安衛則』第570条）

足場の種類	垂直方向	水平方向
単管足場	5 m以下	5.5m以下
枠組足場（高さ5 m未満のものを除く）	9 m以下	8 m以下

c　墜落災害の防止対策

①　高さが2 m以上の箇所で，墜落による災害を受けるおそれがあるところで作業を行う場合には，足場を組立てる等の方法により作業床を設ける。

②　足場の組立て，変更又は解体の作業は，作業主任者の指揮によって，熟練した者が行うようにする。

③　つり足場，張出し足場，又は高さが5 m以上の構造の足場については，足場の組立て等作業主任者技能講習を修了した者から作業主任者を選任して，その者に労働者の指揮その他の事項を行わせる。

④　足場の材料，構造等は，使用の目的に応じた丈夫なものとする。

⑤　作業床を設けることが困難な一側足場等の使用は，できるだけ避ける。

⑥　造船業，建築業のように，足場の組立て等の作業が多く行われる事業場では作業手順を制定し，それを順守させる。

⑦　足場の作業床や通路であって，作業中や通行中に墜落のおそれがあるところには，手すり，囲い等を設ける。作業のため手すりが設けられないとき，又は臨時に手すりを取り外すときは，墜落制止用器具を使用するか防網を張らなければならない。

⑧　足場の組立て，変更等の後において，強風や大雨，大雪，中震以上の地震等の悪天候にあったときは，作業開始前に足場を点検し，異常を認めたときは速やかに補修をする。

⑨　足場の構造や材料に応じて，作業床の最大積載荷重を定めそれを超えるものを載せない。また，作業床の最大積載荷重は，関係労働者に周知させる。

⑩　足場の作業床の上には，砂，油等をこぼさない。もし，砂，油等がこぼれたときは，速やかに清掃する。

⑪　脚輪付きの移動式足場（ローリングタワー）については，次の事項を守る。

　1）　昇降用のはしご，その他安全に昇降するための設備を設ける。

　2）　細長い形の足場では，控えを設ける。

　3）　作業中は，足場が動かないようにしておく。

　4）　足場を移動するときは，あらかじめ，地盤の状態，障害物の有無を確認する。

5）　足場に作業者を乗せたまま移動しない。

（2）　脚立及び脚立足場上の作業

①　脚立は，次の要件にあったものを使用する。

　1）　丈夫な構造である。

　2）　脚と水平面との角度は，75°以下である。

　3）　開き止め金具が付いている。

　4）　踏み面は，適切な面積を有している。

②　脚立は，滑ったり，傾いたりしないように据え付け，かつ，開き止めを確実に掛ける。

③　脚立の上では，無理な姿勢で作業をしない。

④　脚立やうまを利用して足場板を架け渡すときは，脚立やうまの間隔（スパン）をあまり広くとらないようにする。

⑤　脚立やうまに架け渡す足場板は，丈夫なものを使用し，かつ，たわみがあまり大きくならないようにする。

⑥　足場板は作業床の幅が40cm 以上となるように2枚以上架け渡し，さらに，脚立やうまに確実にしばりつける。

なお，脚立の安全な使用例を図9－87に示す。

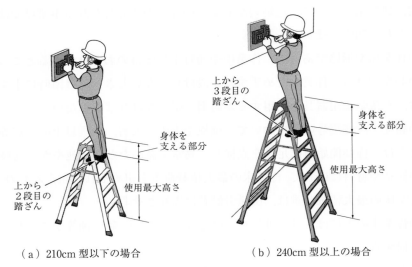

（a）210cm 型以下の場合　　　　　（b）240cm 型以上の場合

図9－87　脚立の安全使用

（3）　はしご，桟橋上の作業

①　はしごは，幅30cm 以上の丈夫なものを使用し，間に合わせのものや傷んだものは使用しない。

② はしごには，滑り止めを設ける。滑り止めがない場合には，倒れないようにしばるか，滑らないように他の作業者に脚部をしっかり押えてもらうようにする。

③ はしごは，平面に対して75°に掛けることを原則とし，かつ，はしごの上部は60cm くらい上方に出るようにする（図9−88）。

④ はしごを昇り降りするときは，手に工具等を持ったりしない。

⑤ 通路に面したところにはしごを立て掛けるときは，通行者に分かるように標識を付ける。

⑥ はしごの上では，無理な姿勢での作業をしない。

⑦ 桟橋は安定した状態で架け渡されていることを確認する。

⑧ 桟橋には手すりを設ける。

⑨ 桟橋の上に物を置くときは，通路を十分にとり，整理しておく。

図9−88　移動はしごの安全使用

（4）　開口部，ピット付近での作業

① 開口部やピットの周囲には必ず丈夫な囲いを設ける。

② 開口部やピットは特に照明を明るくし，かつ赤い布等をさげる，又は黄と黒のまだら塗装をする等の方法により表示をする。

③ 溝のふた，マンホールのふた等を作業の都合で開けるときは，①，②の措置をするか，監視人を置く。また，作業が終わったら必ずふた等を元に戻しておく。

（5）　屋根及び電柱上での作業

① 屋根及び電柱に昇って作業を行う場合は，事前に上司の許可を受ける。

② 屋根上で作業をするときは，足場板等で作業床を作り，その上で作業をする。

③ スレート屋根等の上を歩行するときは，幅が30cm以上の丈夫な「歩み板」を使用する。

④ 屋根上で共同して物を運ぶときは，十分に呼吸を合わせて行う。

⑤ 履物は，滑りやすいもの，脱げやすいものなど不適当なものを使用しない。

⑥ 雨，霜等で屋根が濡れている場合には滑りやすいので，できるだけ乾いてから作業にかかる。

⑦ 電柱に上る前には，根元が腐っていないことを確かめる。

⑧ 電柱上の作業には，必ず墜落制止用器具を使用する。腕木につかまったり，足を掛けたりする場合には，腐ったり折れたりしていないことを確かめる。

（6）　崖，急斜面など又はその付近での作業

① 崖の縁やその付近で作業をするときは，次の事項を守る。

　1）　墜落防止用の柵を設けるか，墜落制止用器具を使用する。

　2）　足もとの土石が崩壊しないことを確認する。

　3）　足もとをなるべく平らにした上で，作業にかかる。

② 斜面における作業では，あらかじめ上部から親綱を適当な箇所に下げ，これに命綱（子綱）を取り付けて作業をする。

9.3　飛来，崩壊の防止対策

① 地山の崩壊，土石の落下のおそれのある箇所は，安全な勾配とし，よう壁，土止め支保工を設け，土石，雨水，地下水等を排除する。

② 坑内で落盤，肌落ち等のおそれのある箇所は，支保工を設け，浮石を取り除く等の措置を講じる。

③ 高さ3m以上の高所から物を投下する場合は，投下設備を設ける。

④ 作業のため物体が落下することにより危険のおそれのある箇所は，防網の設置，立入り禁止等の措置を講じる。

⑤ 物体が飛来・落下することにより危険のおそれのある箇所は，飛来防止設備，保護帽の着用等の措置を講じる。

　高層建築物，船台の付近等の場所で，その上方で作業を行っているとき，その下方の労働者は，保護帽を着用する。

第10節　通　路

10.1　通　路

作業場の中が工具や物，ゴミ等で混乱していて，文字どおり足の踏み場もない状態であると，作業性が悪いだけでなく，怪我も発生する。また，衛生的にも環境が良くないことは言うまでもない。特に通路は，作業者だけでなく第三者を含めた様々な人が通る。そのため，通路は次のような定めによらなければならない。

① 作業場に通じる場所及び作業場内には，労働者が使用するための安全な通路を設け，かつ，これを常時有効に保持しなければならない。また，主要な通路には，通路である旨の表示をしなければならない。

　通路とは，当該場所において作業を行う労働者以外の労働者も通行する場所をいう。

② 通路には，通行を妨げない程度に採光又は照明設備を施す。ただし，坑道，常時通行しない地下室等では，適当な照明具を所持することで代用できる。

③ 屋内の通路は，次によるところとする。

　1）用途に応じた幅を有する。

　2）通路面は，つまずき，滑り，踏み抜き等のない状態である。

　3）通路面から高さ1.8m 以内に障害物を置かない。

④ 機械間，機械と他の設備との間の通路は，幅80cm 以上とする。

⑤ 旋盤，ロール機等の機械が，労働者の身長に比べて不適当に高いときは，適当な高さの踏み台を設ける。

⑥ 危険物，爆発物，発火性の物質の製造・取り扱いをする作業場及び，当該作業場を有する建築物には，次の設備を行わなければならない。

　1）避難階（直接地上に通じる出入口のある階）には，2箇所以上の避難用出入口（扉は引き戸か外開き戸する）を設ける。

　2）避難階以外の階には，その階から避難階又は地上に通じる2箇所以上の直接階段又は傾斜路を設ける。

　　ただし，このうち1箇所については，滑り台や避難用はしご，タラップ等の避難用器具で代用できる。

⑦ 次に示す作業場には，非常用の自動警報設備（自動火災報知設備，漏電火災警報器，自動式サイレン等），非常ベル等の警報設備，又は携帯用拡声器・手動式サイレン等の警報用器具を備える。

1）　危険物，爆発物，発火性の物の製造・取り扱いをする作業場

2）　常時50人以上の労働者が就業する屋内作業場

⑧　常時使用しない避難用出入口，通路，避難用器具は，避難用である旨を表示し，容易に利用できるように保持しておく。

⑨　通路と交わる軌道で車両を使用するときは，監視人の配置，警鈴等の措置を講じる。

⑩　架設通路は，次に適合したものとする。

1）　丈夫な構造とする。

2）　勾配は30°以下とする（階段，又は高さ2m未満で手掛けを設けたものは除く）。

3）　勾配が15°を超えるものには，踏さん等の滑り止めを設ける。

4）　墜落危険箇所には，高さ85cm以上の手すりを備える。

5）　次のものは踊場を設ける。

・　たて抗の架設通路で長さ15m以上のものは，10m以内ごと。

・　建設工事用の登り桟橋で高さ8m以上のものは，7m以内ごと。

⑪　はしご道は，次に定めるものとする。

1）　丈夫な構造であること。

2）　踏さんを等間隔に設ける。

3）　踏さんと壁との間に適当な間隔を設ける。

4）　はしごの転倒防止を講じる。

5）　はしごの上端を床から60cm以上突出させる。

6）　坑内はしご道の勾配は，80°以内とし，長さ10m以上のものは，5m以内ごとに踏だなを設ける。

7）　通路等の構造，作業の状態に応じて安全靴等の履物を定め，使用する。

第11節　作業構台

作業構台とは，仮設の支柱及び作業床等により構成され，材料や仮設機材の集積，建設機械の設置や移動を目的とする高さが2m以上の設備で，ビル，地下等の建設工事に使用するものをいう。

（1）　材　　料

①　作業構台の材料は，著しい損傷，変形，腐食のあるものを使用してはならない。

②　作業台に使用する木材は，強度上の著しい欠点となる割れ，虫食い，節，繊維の傾斜等がないこと。

③　作業構台に使用する支柱，作業床，はり，大引き等の主要な部分の鋼材については，JIS に適合するもの，又はこれと同等以上の強度を引張強さ及びこれに応じた伸びを有するものでなければならない。

（2）構　　　造

作業構台は，著しいねじれ，たわみ等が生じるおそれのない丈夫な構造のものでなければ，使用してはならない。

（3）最大積載荷重

作業構台の構造及び材料に応じて，作業床の最大積載荷重を定め，かつこれを超えて積載してはならない。また，事業者は，最大積載荷重を労働者に周知させなければならない。

（4）組　立　図

作業構台を組み立てるときは，組立図を作成し，かつ，当該組立図により組み立てなければならない。組立図は，支柱，作業床，はり，大引き等の部材の配置及び寸法が示されているものでなければならない。

（5）作業構台についての措置

作業構台は，次の定めによるものとする。
①　作業構台の支柱は，地質等の状態に応じた根入れを行い，当該支柱の脚部に根がらみを設け，敷板，敷角等を使用する等の措置を講じる。
②　支柱，はり，筋かい等の緊結部，接続部又は取付け部は，変位，脱落等が生じないよう緊結金具等で堅固に固定する。
③　高さ 2 m 以上の作業床の床材間の隙間は 3 cm 以下とする。
④　高さ 2 m 以上の作業床の端で，墜落により労働者に危険を及ぼすおそれのある箇所には，85cm 以上の手すり等及び中桟等（それぞれ丈夫な構造の設備であって，たわみが生じるおそれがなく，かつ著しい損傷，変形又は腐食がないもの）を設ける。

第**10**章

手工具の取り扱いに
関する安全管理

　工場等の作業場で，手工具による「４日以上の休業災害」は，毎年約12,000人にも上っている。手工具による災害は比較的軽傷が多いので，４日未満の休業災害及び不休災害は，さらに膨大な数に上っているものと考えられる。

　これらの手工具による災害は，左手が最も多く，次いで右手であり手の災害が大部分で，右足，左足，眼，その他の順になっている。

　このような災害が起こる原因は，手工具を正しく使わなかったり，使用する手工具の状態を調べなかったり，使い方に慣れていなかったりすることにある。

　手工具は作業者が直接手に持って扱うだけに，その取り扱いを誤ると，本人はもとより近くで働いている同僚たちにも災害を及ぼすことにもなるので，手工具であっても軽く扱わず，すべての災害防止の根本というつもりで取り扱いに十分配慮しなければならない。

　手工具による災害を分類すると，次のような原因によって発生している。

①　使用する工具の選定を誤った。

②　使用前の点検，整備が不十分であった。

③　使い方に慣れていなかった。

④　使い方を誤った。

　これらの災害を防止するためには，次に述べる事項を守る必要がある。

第１節　手工具使用上の留意事項

1.1　よい工具を使う

　工具を使っているうちに，壊れたり，曲がったり，ひびが入ったりすることがある。このような工具を使用することは，使用している本人はもとより，周囲の人も巻き込んだ災害が発生する。このような悪い状態の工具は使用を禁止しなければならない。次にハンマー，スパナ，モンキーレンチ等の手工具による危険性と使用上の注意点を示す。

①　柄に，がたがあったりくさびがないハンマーは，首が抜ける等によって，付近にいる者や共同作業者が被災する危険がある。

②　ハンマーの使用面が欠けていたり反りがあるものは，まくれが飛んでくる等，欠けた部分が広がって，飛んできた破片により被災することがある。

③　当てものや，たがねにまくれがあると，作業中に，そのまくれが取れて飛んでくる等，思わぬ災害を受けることがある。

④　スパナはナットに合ったものを使用する。

⑤　ナットに合わないスパナを使用して手を滑らせて被災する。

⑥　モンキーレンチの使用方向を間違えないように確認する（図10－1）。

⑦　モンキーレンチの方向を間違えて力を入れた途端にモンキーレンチの柄が折れたり，口が欠けたりして被災することがある。

⑧　刃物はよく研いで使用する。切れない刃物を使用し，無理に力を入れたために，手元が狂って被災することがある。

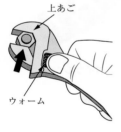

①　しっかりグリップを握り，ウォームを回してボルト類が口径部に入るまで下あごを広げる。

②　深くくわえ，ぐらつきがなくなるまでウォームを回す（下あごを寄せる）。

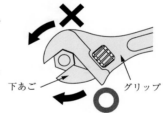

③　下あごの方に回す（逆回しをしない）

図10－1　モンキーレンチの使い方

1．2　工具の使用目的以外の使用禁止

　物を打つ工具はハンマーであり，ナットを締める工具はスパナやレンチであり，ねじを回す工具はドライバーである。それぞれの使用目的に応じて作られた工具を，その目的に応じて正しく使用することが大切である。

　手近にハンマーがないからといって，スパナやレンチで物をたたいたり，スパナが見つからないからといって，プライヤー（図10－2）やパイプレンチ（図10－3）でナットを締めてはならない。また，やすりで物をたたいたり，ドライバーで物をこじ開けてはならない。

　単に物を打つといっても，その目的に応じて木工用ハンマー，鍛造用ハンマー，石切用ハンマー，銅製ハンマー等がある。その形や大きさもその用途によってそれぞれ違うので，作業に合った適切なハンマーを選んで使用することが大切である。

図10－2　プライヤー

図10－3　パイプレンチ

1.3　工具は正しく使う

よい工具を正しい用途に使っても，使い方が悪いと災害が発生する。

（1）　ハンマー

① 　ハンマーは最初から力を入れて打たない。

　　最初から力を入れて打つと打ち外すことがあるので，最初はあまり力を入れずに調子が出てきてから力を入れる。

② 　さびついた物を打つときには，保護眼鏡を着用する。

　　さびついた物を打つと，さびが飛んできて目に入るなどし，思いがけず被災することがあるため，必ず保護眼鏡を使用する。

③　大型ハンマーを打つときは，自分の力量を十分考えて行う。

　　大型ハンマーの柄は長く，使用するには相当の力を要して，疲労も激しいため，手から柄が抜けてしまったり，見当を外したりして，相手にけがをさせる場合がある。この場合における最大の原因は疲労である。

④　ハンマーの代わりにほかのものを使わない。

　　ハンマーを使用する代わりに，手近にある丸い棒やスパナ，レンチ等を使うことがよくみられる。これらのものはハンマーと違い，当たり面が小さいため打ちにくく，また強度的にも弱いので，ハンマーの代わりに使用してはならない。

⑤　ハンマー作業は手袋をつけたまま行わない。

　　手袋をつけてハンマーを振ると，素手の場合と違い，握るのに力が入りにくい。そのため，手から柄が抜け飛んでしまうことがある。

（2）た　が　ね

①　はつり作業では保護眼鏡を着用する。

　　特に鋳ばりをはつる作業では，はつり粉が飛んできて目に入る災害が多く発生している。これは保護眼鏡を着用することで防止できる。

②　鋼材をたがねで切断する場合，切り端は，たがねと直角の方向に飛ぶが，狭い場合には切れ残った方向に飛んでくるので，十分に考慮して作業をする。

③　切り始めと切り終わりは強く打たない。

　　たがね作業では，最初から力を入れて打つと，たがねが滑ることがある。そのため，初めは静かに打ち，たがねの当たり具合をみて徐々に力を加える。また，切り終わるときも強く打つと切り端が飛ぶおそれがあるので，力を弱めて静かに切り離す。

④　焼きの入っている材料ははつり作業をしない。

　　焼きの入っている材料を不用意にはつれば，たがねか材料が割れ，その破片でけがをすることがある。

（3）ス　パ　ナ

①　スパナは小刻みに使う。

　　スパナがナットから外れるのは，押し切ったときや手前に引き切ったときである。それだけに，スパナはナットに十分かけて，力を平行にかつ小刻みに使うようにする。

②　周囲をよく確認する。

　　スパナによる災害は，ナットから外れて手を打ち付けるものが多い。使用するときは，万が一スパナがナットから外れても大丈夫なように，周囲の障害物を取り除くなどしておく。

③　体が倒れないような体制をとる。

　　スパナが外れた場合，体が前のめりになったり，後ろによろめいたりし，体を周りの障害物にぶつけてけがをする。それだけに，万一スパナが外れても体がよろめかないように足を開き，両足のバランスをよくして作業をしなければならない。特に，高所での作業では十分配慮する必要がある。

④　スパナの柄にパイプ等をつなげて使用しない。

　　パイプ等をスパナの柄につなげて作業をすると，スパナの口がナットにはまりにくく，スパナが外れやすいので，パイプ等をつなげて作業しない。

⑤　ナットとスパナの間にかませものをしない。

　　ナットとスパナの大きさが合わないからといって，ナットとスパナとの間にかませもの

をして使用すると，スパナが外れ，けがをする原因となる。必ずナットの大きさに合った
スパナを使用しなければならない。

⑥　スパナは必ず手前に引く。

　　スパナ，モンキーレンチは正しくナットにはめ，固定したあごに力がかかるようにし，
その口を手前に向けて引いて使う。やむを得ない場合以外は押して使わない。

　　スパナ等の可動する側に力を加える方向で作業をすると，その可動部分が壊れてバラン
スを崩しけがをする。

（4）　その他の各種の工具

①　やすりでたたいたり，こじ開けたりしない。

　　やすりは堅くてもろい。したがって，ハンマーでたたいたり，ハンマーの代わりに使っ
たり，物をこじ開ける道具として使ったりすると，必ず欠けて飛ぶので絶対にしてはなら
ない。また，やすりは柄が付いていないと力を入れにくく，けがをしやすいので，必ず柄
をつけて使用する。

②　ドライバーは溝によく合ったものを使用する。

　　使用するときはねじ（又はボルト）の頭の溝のサイズに合ったドライバーを使い，外れ
ないように左手で先のほうを押さえ，右手でねじ込む。場合によっては両手を使いねじ込
むことがあるが，この場合には，万一外れても大丈夫なように，体のバランスを保って作
業をする。

③　バイスに品物を取り付けるときはしっかり閉め込む。

　　品物を挟み込むときは，口に不良のないバイスを用いるとともに，品物をしっかりと締

め付け，作業中も緩まないことを確認する。緩んでいると，作業中に品物が外れて思わぬけがをすることがある。

④　トースカンの置き場所を確認する。

　トースカン（図10－4）は，使用後すぐに針先を下に向け，安全な場所に置く。ほかの作業者や通行人に触れる場所に置かない。

図10－4　トースカン

第2節　手工具の使用前点検

（1）　作業開始前に点検する

　手工具を使用する前には，工具室で管理されている場合であっても，次の点について点検してから使用する。

①　のみ（図10－5），たがね（図10－6），ドリル等は，刃先が鈍っていたりこぼれていたり，また，焼き入れが堅すぎたり短すぎたり，頭がまくれていたりするものは使用しない。

②　やすり，きさげ（図10－7）等で柄がなかったり，先端が破損しているものは使用しない。

③　金づちやハンマーにくさびがないもの，首が抜けそうなもの，柄の折れそうなもの，がたがあるもの，また柄の長さが適切でないものは使用しない。

図10－5　の　　み

図10－6　た　が　ね

図10－7　き　さ　げ

④　金づちやハンマーの頭にまくれがあるものは使用しない。

⑤　ドライバーの柄が破損しているもの，頭が摩耗しているもの，付け根が緩んでいるものは使用しない。

⑥　刃先が鈍った刃物は使用しない。

（2）　周囲の状況を確認してから作業にかかる

ハンマーを振るとき，そばに人がいたり，狭い場所や足場の悪い場所では，思わぬ災害で人を傷つけることがある。

また，はつり作業のはつり粉による災害は，作業者自身よりも周りの人が受ける場合が多いため，飛散防止のついたてを置き，作業者自身は保護眼鏡をして作業をする必要がある。

第3節　手工具の使用後の管理

　手工具は，日常の管理がよくないと工具の精度や寿命に影響したり，また，使用する際に取り違えたりすることがあるので，工具室を設ける，又は工具管理の担当者を定めて，工具の修理や出し入れ，若しくは工具の員数整備と保管に当たらせるとよい。

　なお，安全担当者や現場監督者は不定期に，工具室又は使用中の工具を点検し，工具が壊れたままに放置されていないか，不良工具が使われていないか等を調べ，常に正しい工具が正しい方法で使われるよう作業者を指導する必要がある。

（1）　手工具の整理・整頓

① 　手工具を作業中に機械の上に置かない。機械の振動で手工具が落ちたり，手工具を壊したりして思わぬけがをする。また，場合によっては製品をだめにすることもある。

② 　手工具を作業場内に散乱させたり，壁に立て掛けたりしない。作業者や通行者に倒れたりしてけがをする。

③ 　工具は作業場の決められた場所や工具箱に格納しておき，きちんと整理する。そうすることで工具の種類と数を常に確認でき，すぐに置き忘れの防止ができる。また次の作業にすぐ使用できる。

（2）　手工具の点検と補修

　手工具はすべて一元的に管理し，管理者により点検され，補修されたものを使用することが望ましい。しかし，自分で管理する工具は，とかく点検や補修がいい加減になりがちである。点検と補修は，作業開始前，作業終了後に必ず行わなければならない。

　作業終了後の点検において，もし壊れているものがあれば補修するか新しいものと交換し，翌日の作業に支障のないようにしておく。

（3）　手工具の管理

　手工具の使用による傷害を防止するためには，工具の管理が必要である。

　多くの工具を使う工場では，工具を管理する専門の係や専用の場所を設け，その場所で工具の貸出や回収，工具の補修をするようにしている。担当者は必要な工具が常に作業に間に合うように用意しておき，工具の数を常に把握できるようにしておく必要がある。

第4節　手工具等の運搬

　手工具類の運搬中に，誤って落としたために負傷したり，又は他の作業者を傷つけた例が少なくない。したがって手工具の運搬については，次の事項に注意が必要である。

①　手工具等を手に持って，はしご等を昇り降りしない。

②　足場板，天井クレーンのガータ等に手工具類を置かない。

③　ドライバー等の先がとがった工具類は，ポケットに入れて歩かず，工具箱や工具袋に入れるか，所定のケースに入れて腰につける。

④　のみや，おの等の鋭利な刃物は刃部をさやに納めておく。

⑤　手工具を他の人に渡す場合には，決して投げない。

　以上のことは，手工具を使用する作業では毎日行われることばかりである。これらをよく守り工具を大切に使えば，工具もまた自分の身を守ってくれるものである。

第**11**章

危険物の管理

　危険物は，取り扱いの不備等により，爆発や火災事故等を誘発する危険性を有している。

　そのため法的規制は，「安衛法」，「消防法」，「建築基準法」，その他の法令により，安全上と防火上の規制がなされている。

第1節　労働安全衛生法による危険物

「安衛法」による危険物は，次のように定められている。

1.1　発火性の物質

　金属リチウム，金属カリウム，金属ナトリウム，黄りん，硫化リン，赤リン，セルロイド類，炭化カルシウム（別名カーバイド），りん化石灰，マグネシウム粉，アルミニウム粉，マグネシウム粉及びアルミニウム粉以外の金属粉，亜二チオン酸ナトリウム（別名ハイドロサルファイト）

1.2　爆発性の物質

① 　ニトログリコール，ニトログリセリン，ニトロセルローズ，その他の爆発性の硝酸エステル類

② 　トリニトロベンゼン，トリニトロトルエン，ピクリン酸，その他の爆発性のニトロ化合物

③ 　過酢酸，メチルエチルケトン過酸化物，過酸化ベンゾイル，その他の有機過酸化物，アジ化ナトリウム，その他の金属のアジ化物

1.3　酸化性の物質

① 　塩素酸カリウム，塩素酸ナトリウム，塩素酸アンモニウム，その他の塩素酸塩類

② 　過塩素酸カリウム，過塩素酸ナトリウム，過塩素酸アンモニウム，その他の過塩素酸塩類

③ 　過酸化カリウム，過酸化ナトリウム，過酸化バリウム，その他の無機過酸化物

④ 　硝酸カリウム，硝酸ナトリウム，硝酸アンモニウム，その他の硝酸塩類

⑤ 　亜塩素酸ナトリウム，その他の亜塩素酸塩類

⑥ 　次亜塩素酸カルシウム，その他の次亜塩素酸塩類

1．4　引火性の物質

① 　エチルエーテル，ガソリン，アセトアルデヒド，酸化プロピレン，二硫化炭素，その他の引火点が零下30℃未満のもの

② 　ノルマルヘキサン，エチレンオキシド，アセトン，ベンゼン，メチルエチルケトン，その他の引火点が零下30℃以上 0 ℃未満のもの

③ 　メタノール，エタノール，キシレン，酢酸ノルマル―ペンチル（別名酢酸ノルマル―アミル）その他の引火点が 0 ℃以上30℃未満のもの

④ 　灯油，軽油，テレビン油，イソペンチルアルコール（別名イソアミルアルコール），酢酸，その他の引火点が30℃以上65℃未満のもの

⑤ 　水素，アセチレン，エチレン，メタン，エタン，プロパン，ブタン，その他の温度15℃ 1 気圧において気体である可燃性のもの

第2節　消防法による危険物

　「消防法」では，危険物は火災の危険性の高い物質とされている。危険物には，可燃物と支燃物があり，どちらも火災に重要な影響を与える物質である。

　可燃物には，ガソリンや灯油等引火性の物質，ニトログリセリン等の爆発性の物質がある。また，支燃物とは，硝酸等の燃焼（酸化）することで新たに酸素を発生させる物質である（図11－1）。

可燃物　　　　　　　　　　支燃物

図11－1　可燃物と支燃物

　「消防法」では，次に示すように，危険物を第 1 類から第 6 類まで分類し，規制している。

① 　第 1 類の危険物（酸化性固体）

　　塩素酸塩類，過塩素酸塩類，過酸化物，硝酸塩類，過マンガン酸塩類

② 第2類の危険物（可燃性固体）

　黄りん，赤りん，硫化りん，硫黄，鉄粉，マグネシウム

③ 第3類の危険物（自然発火物質及び禁水性物質）

　カリウム，ナトリウム，炭化カルシウム（カーバイト），りん化石灰，生石灰

④ 第4類の危険物（引火性液体）

　特殊引火物，第一石油，アルコール類，第1石油類〜第4石油類，動植物類

⑤ 第5類の危険物（自己反応性物質）

　有機過酸化物，硝酸エステル類，セルロイド類，ニトロ化合物

⑥ 第6類の危険物（酸化性液体）

　過酸化水素，過塩素酸，硝酸，濃硫酸

なお，表11−1に，「安衛法」と「消防法」による危険物の関係を示す。

表11−1　「安衛法」と「消防法」の危険物の関係

「安衛法」による危険物	「消防法」による危険物
爆発性の物質	第5類
発火性の物質	第2及び第3類
酸化性の物質	第1及び第6類
引火性の物質	第4類

第3節　危険物の安全対策

　危険物を貯蔵する建物には，屋内貯蔵所，屋外貯蔵所，屋内タンク貯蔵所，屋外タンク貯蔵所，移動タンク貯蔵所，取扱所等がある。

3.1　屋内貯蔵所

　屋内貯蔵所は，倉庫において危険物を貯蔵，又は取り扱う貯蔵所のことであり，主要な構造を次に示す。

① 貯蔵所の周囲に，所定の幅の空地を保有する。

② 軒高6m未満，床面積1,000m²未満の平屋建てで（1,000m²を超えないこと），耐火構造とする。

③ アルカリ金属の過酸化物，金属粉類，第3・4・6類の危険物を貯蔵する倉庫の床は，

　水が浸入又は浸透しない構造とする。

④　液状を扱う危険物の床は，浸透しない構造とし，傾斜をつけて，ためますを設ける。

⑤　採光，換気設備を設ける。

⑥　貯蔵数量の多い貯蔵倉庫には，避雷設備を設ける。

3.2　屋外貯蔵所

　屋外貯蔵所は，硫黄，第2・3・4石油類，動植物油類，第6類の危険物を貯蔵，又は取り扱う貯蔵庫である。主要な構造を以下に示す。

①　貯蔵所は，湿潤がなく，排水の良い場所とする。

②　貯蔵所の周囲に柵を設け，柵の周囲に所定の幅の空地を保有する。

3.3　屋内・屋外タンク貯蔵所

　屋内・屋外タンク貯蔵所の主要な構造を以下に示す。

①　建物は耐火構造とし，タンク専用室は，液体危険物が流出しない構造とし，窓を設けず，出入口に自動閉鎖式の防火戸を設け，換気装置を設ける。

②　隣接建物と所定の距離を保持し，タンクの周囲に所定の幅の空地を保持する。

③　タンクは，所定の強度を有し，安全装置を備える。

④　タンクの元弁は，危険物を移送するとき以外は閉じておき，移動式のものには，接地装置を設ける。

第4節　危険物の貯蔵・取り扱い方法

　危険物の貯蔵，取り扱いの規制について，指定数量以上の危険物は，貯蔵所以外の場所で貯蔵してはならない，また製造所，貯蔵所及び取扱所以外の場所で取り扱ってはならない，とされている。

　「消防法」上において，危険物の指定数量以上の貯蔵・取り扱いについて，貯蔵所以外の場所で貯蔵し，又は製造所，貯蔵所及び取扱所以外の場所で取り扱うことは禁止されている。指定数量以上の危険物を貯蔵又は取り扱う場合は，原則として許可が必要となる。ただし，消防長又は消防署長の承認を受ければ，指定数量以上の危険物を10日以内の期間に限り，仮に貯蔵し，又は取り扱うことができるとされている。

　また，製造所等を設置しようとする者は，その位置や構造及び設備を，政令で定める技術上

の基準に適合させ，市町村長の許可を受けなければならないこととされている。

4.1　危険物等の貯蔵及び取り扱いの共通事項

① 許可，届け出以外の危険物，若しくは指定数量以上の危険物を，貯蔵又は取り扱ってはならない。

② 危険物等の屑，かす等は，毎日安全な場所へ廃棄する等の処置をとる。

③ 危険物を貯蔵，取り扱いをする建築物等は，遮光，換気を行う。

④ 温度計，湿度計等の計器を監視し，危険物に適応した温度，湿度を保つ。

⑤ 危険物を貯蔵，取り扱いをする場合は，危険物の漏れ，あふれ，飛散等のないように留意し，変質や異物の混入等により危険性が増大することを防止する。

⑥ 危険物が残存し，又は，残存するおそれのある設備，機械器具，容器等を修理する場合は，安全な場所において，危険物を完全に除去した後に行う。

⑦ 危険物を容器に収納して，貯蔵，取り扱いをするとき，その容器は危険物の性質に適応したもの，また破損や腐食，亀裂等がないものを使用する。

⑧ 危険物を収納した容器を，貯蔵，取り扱いをする場合は，転倒させたり，落下衝撃を与えたりしない。

⑨ 可燃性の液体や蒸気，ガスが漏れ，滞留するおそれのある場所，又は可燃性の微粉が著しく浮遊するおそれのある場所では，電気配線と電気器具との接触を完全にし，火花を発する機械器具，工具，履物等を使用しない。

⑩ 危険物を保護液中に保存する場合は，危険物が保護液から露出しないように留意する。

4.2　貯蔵の方法

① 危険物の類を異にするものは，同一の貯蔵所に貯蔵しない。

② 屋内貯蔵所では，危険物は容器に収納し，品名ごとに取りまとめて貯蔵し，建築物の内壁から0.3m以上，危険物の品名ごとに0.3m以上間隔を置く。

③ 自然発火するおそれのある危険物，災害が著しく増大するおそれのある危険物を多量に貯蔵するときは，所定の数量以下ごとに区分し，0.3m以上の間隔を空ける。

④ 貯蔵タンクの元弁，注入口の弁，蓋は，危険物を出し入れをするとき以外は閉じておく。

⑤ 屋外貯蔵所においては，危険物は容器に収納し，品名ごとに取りまとめて貯蔵し，危険物の品名ごとに0.5m以上の間隔を空けておく。

４.３　危険物の取り扱い方法

危険物の取り扱い方法は，次の定めによるものとする。

（１）　危険物の詰め替え作業時の取り扱い方法

①　危険物を詰め替える場合は，防火上，安全な場所で行う。

②　危険物を容器に詰め替える場合は，規定された方法により収納する。

（２）　危険物を使用する作業時の取り扱い方法

①　染色，洗浄の作業は，可燃性の蒸気の換気を十分に行い，廃液は放置せずに安全に処置を行う。

②　吹付塗装作業は，防火上有効な隔壁等で区画された安全な場所で行うようにする。

③　焼き入れ作業は，危険物が危険な温度に達しないようにする。

④　バーナーを使用する作業では，バーナーの逆火を防ぎ，かつ，石油類が溢れないようにする。

（３）　危険物の消火方法

①　爆発性の物質

　　爆発的で燃焼速度が速く，発熱量も大きいので，極めて消火が困難である。一般的に大量注水による冷却消火が行われる。

②　発火性の物質

　　第２類の危険物は，燃焼速度が速く，有毒ガスを発生させるものがあり，消火は困難なものが多い。消火は，注水と密閉による方法があるが，注水消火の方が有効である。ただし，金属粉は水又は酸と接触すると発熱するので，水の使用を避ける。

　　第３類の危険物は，水と作用し危険であるので注水は厳禁である。消化は乾燥砂等を用いる。

③　酸化性の物質

　　第１類の危険物は，可燃性物質が燃焼することによって，分解による酸素の供給が行われるので，燃焼が激しい。このため，酸化剤の分解を遮断する消火が必要で，大量の注水消火が有効である。しかし，アルカリ金属（ナトリウム，カリウム等の過酸化物）に注水することは危険である。

　　第６類の危険物は，水との接触により発熱するので注水による消火は危険であるが，霧状の注水消火は有効である。消火方法は，冷却，窒息抑制消火が適当である。

④　引火性の物質

　　危険物の液体は，蒸発燃焼して上記の熱分解を伴うことが多く，空気量の不足により黒煙が多く出る。消火と火面の拡大防止が必要であり，消火は窒息消火を採用し，火面拡大防止には油の流動を防ぐ対策を講じる。

第12章

保 護 具

　一般に使用される安全衛生用の保護具には，保護帽，安全靴，防じん及び遮光等の保護眼鏡，防じん及び防毒マスク，耐熱保護衣，労働衛生保護衣，耳栓，墜落制止用器具，絶縁用保護具等，様々なものがある。

　また，このほかにも，特殊な作業用としていろいろなものが，従来の労働災害の発生原因等をもとに考案され，使われている。

第1節　保護具の使用における留意事項

　労働災害を防止するためには，設備，機械等の安全化や作業方法の安全化と環境改善を図ることが必要であり，保護具を使用することによる安全化は第一に進めるべき手段ではない。

　しかし，現状では，予想される危険と健康管理の面から作業者を守るためには，やむを得ない手段として保護具が使用されている。

　この保護具を有効に使用するには，次の事項に留意する必要がある。

① 作業に適した保護具を選定する。

② 作業に必要な数を常に備えておく。

③ 正しい使い方を徹底する。

④ 保守管理をよく行う。

⑤ 保護具を必要とする作業では，必ず保護具を使用させる。

　一般に使用されている代表的な保護具について，使用上の留意事項等を詳しく述べる。

1.1　頭部の保護

（1）保護帽

保護帽には以下のようなものがあり，いずれも頭部の傷害を防止するために着用するものである。

① 物の落下，飛来に対するもの（一般用安全帽）

② 墜落，転倒，衝突等に対するもの（荷役用安全帽）

③ 電気の危険に対するもの（電気用安全帽）

保護帽は帽体と内装から構成されている。一般用及び荷役用の帽体は，衝撃外力に対して十分な強さをもった材料で，耐貫通性能，難燃性，耐電圧性能，耐水性，耐薬品性が要求される。そのため現在では，ポリエステル樹脂，積層ベークライト，軽合金，ハイゼックス等の材料が主に使用されている。

1.2　目・顔の保護

（1）　防じん眼鏡

　防じん眼鏡は，飛散物のある職場において，傷害を与えるものから目を防護する目的で使用し，種類や品質等について JIS T 8147：2016「保護めがね」に定められている。作業環境により粉じんや薬液，飛散物の種類など，眼鏡に必要な条件が異なるので，選定に当たっては十分に配慮をしなければならない（図12－1）。

（a）スペクタクル形（二眼式サイドシールド
　　　付き，プラスチックフレーム）

（b）スペクタクル形（二眼式サイドシールド
　　　付き，メタルフレーム）

（c）ゴグル形
　　（矯正眼鏡・マスク併用可能）

（d）フロント形
　　（ヘルメット取付け用，上下自在形）

図12－1　防じん眼鏡の例

（2）　遮光保護具

　遮光保護具は，目に有害な光線から保護するためのもので，遮光眼鏡及び溶接用保護面に取付けるフィルタプレートがあり，種類や品質等について JIS T 8141：2016「遮光保護具」，JIS T 8142：2003「溶接用保護面」に定められている。

　遮光能力は遮光度で表示されており，有害光線の光度に応じた遮光度番号のフィルタレンズ又はフィルタプレートを使う必要がある。

　遮光眼鏡の形式は，スペクタクル形，フロント形，及びゴグル形，溶接用保護面の種類はヘルメット形，ハンドシールド形があり，作業に応じて選定する（図12－2，図12－3）。

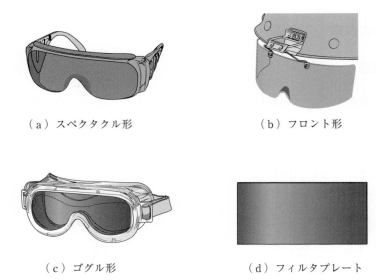

（a）スペクタクル形　　　　　　　　（b）フロント形

（c）ゴグル形　　　　　　　　　　（d）フィルタプレート

図12－2　遮光保護具の例

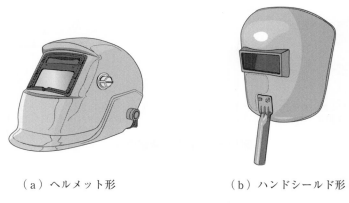

（a）ヘルメット形　　　　　　　　（b）ハンドシールド形

図12－3　溶接用保護面の例

1.3　耳の保護

　聴覚保護具は，騒音が発生する作業場において，作業者の難聴の発生防止を目的として使用する。防音保護具には，耳栓及び耳覆い（イヤーマフ）がある。また，耳栓と耳覆いのどちらを使用するかは，作業の性質や騒音の性状で決まるが，非常に強烈な騒音に対しては，両者を併用するのも有効である。

　騒音レベルは，作業によって異なり（表12－1），厚生労働省「騒音傷害防止のためのガイドライン」（1992年10月4日基発第546号）において，6か月ごとに作業場の騒音レベルを測定し，85dB以上の場合，対策を講じるよう定められている。

表12-1　代表的な騒音レベルの例
（出所：スリーエム ジャパン（株）「聴覚保護リスクと対策」）

dB	身近な音			主な作業								
130		ドライヤー										平均120
120												
110							平均109					
100			平均104	平均95		平均104		平均100			平均104	
90	ささやき声				平均92					平均91		
80		平均75										
70									平均83			
60			ライブ									
50												
40	平均29											
30												
20												
10												
代表的な作業				研磨切削	鋳造	鍛造	はつり	プレス	圧延	溶接	溶断	打鋲

音圧レベル

　聴覚保護具は，遮音値又はNRR値，作業場の騒音レベルをもとに適切な製品を選択する。

1.4　手・人体前面の保護

　労働衛生保護衣は，酸・アルカリ・鉱植物油・化学薬品によって皮膚障害や皮膚から吸収されて起こす中毒のおそれのある作業場所，高熱物・高温液体を取り扱う作業や高温飛沫を受ける作業を行う場所で使用する。

　労働衛生保護衣類には，やけどを防止するための耐熱性の手袋・エプロン・腕当て・上着・ズボン・すね当て等の労働衛生保護服，酸・アルカリ化学薬品等の飛沫・ガス等による皮膚障害を防止したり，作業機器から発生される有害振動等を軽減したりするための労働衛生保護手袋・労働衛生保護長靴がある。また，電離放射線による被ばくから身体を防護する保護衣類，手袋はきもの等もある。

　使用に当たっては，次の事項に留意する。
① 　液体が浸透しない材料でできた保護衣を選ぶ。
② 　作業に適した保護衣を着用する。
③ 　使用前にその保護衣を点検して，防護に異常のないことを確認する。

1.5　安　全　靴

取り扱い中の重量物を足の上に落としたり，くぎを踏み抜いたりする災害は，各産業にわ

たって数多く発生している。この種の災害を防ぐには，作業方法の改善，職場の整理整頓等が第一に必要であるが，安全靴を使用することによって，かなりの効果を上げられる。

　安全靴の重要な性能として，足のつま先の保護，耐踏抜き性，耐滑り性等が挙げられる。職場の状態によっては，耐油性，耐薬品性等も考慮した安全靴が使用される。

　安全靴の構造については，表底材にゴムや発泡ポリウレタンを用いることが，JIS T 8101：2020「安全靴」に定められている。また，作業区分によって，超重作業用，重作業用，普通作業用，軽作業用に分かれている。

　したがって，安全靴は，現場の環境によってそれぞれに適した材質及び構造であって，かつ，実用本位に製作されたしっかりしたものを選ぶべきである。以下にその例を挙げる。

① 　スクラップや切削屑で靴の甲革が傷みやすい職場では，鋼製先しん又はプラスチック先しんを甲皮の上にかぶせたものがよい。

② 　切削屑又は高熱物を踏んで靴底がはがれやすい職場では，甲皮と表底材を糸で縫わない圧着したもののほうが耐久力がある。

③ 　機械工場等で鉄粉や酸化鉄が付着しやすい職場では，甲革はタンニンなめしのものより，クロムタンニン混合なめしのものがよい。

④ 　アーク溶接作業等のとき使用する安全靴は，靴底にくぎその他の金属を使ったものは感電の危険があるので，その欠点を防いだ甲革と靴底の圧着したものがよい。

　また安全靴は，革に有害な粉じんや薬液がかかりやすいので，手入れを頻繁に行う必要がある。

　なお，その他安全靴については，JIS T 8103：2020「静電気帯電防止靴」，JIS T 8117：2005「化学防護長靴」等があるので，JIS に適合した規格品で作業に適するものを使用することが大切である。

1.6　有害ガス・蒸気・粉じん・酸素欠ぼうからの保護

　作業現場に有害なガス，蒸気又は粉じんが発生し，飛散している場合は，まず機械や設備の改善，作業方法の変更など設備や作業を改善し，それらの要因を排除することが基本である。呼吸用保護具は，やむを得ないときに補助的又は臨時的に使用する。

　呼吸用保護具の種類は，ろ過式と給気式に大別され，ろ過式はさらに防じんマスク，防毒マスク等に分類される（図12-4）。

　呼吸用保護具を着用する際は，基本的に次のことを注意しなければならない。

① 　有害環境に即した保護具を選択する。

② 　身体（体）にフィットしたものであること。

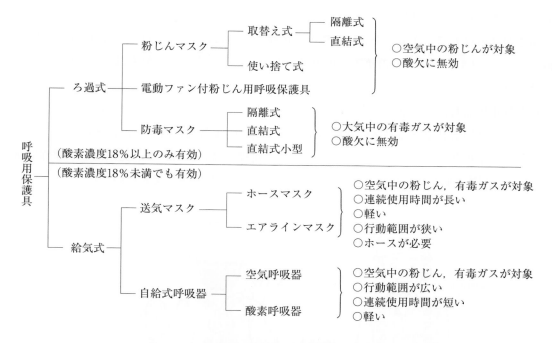

図12－4　呼吸用保護具の種類

1．7　墜落による保護（墜落制止用器具）

　墜落による災害は，建設業をはじめ全産業で数多く発生している。これを防止するには，足場の設置，柵，手すり等の設備を設置する，作業方法の改善等を図る必要があるが，臨時的作業，短時間の作業等では，墜落制止用器具の使用も有効な手段となっている。

　墜落制止用器具には，柱上作業の胴綱のように身体を高所に固定するタイプと，高所で足を踏み外したり，斜面で滑ったとき等に身体をつなぎ止める役目をするタイプとがあるが，いずれも十分な強度がなければ役に立たない。特に，つなぎ止めるタイプの墜落制止用器具は墜落の際のショックが大きく，長さが長すぎると大変危険なので，主に1.5mの製品がJISで認められている。

　なお，作業中に作業者の身体の落下を防止する墜落制止用器具については，厚生労働大臣がその構造について規格を定めている。

　墜落制止用器具を使用する場合に最も重要なことは，その取り付け設備である。すなわち，作業場所に応じて，親綱，支点等の設置を工夫し，墜落制止用器具の有効な使用を図らなければならない。

　墜落制止用器具は，図12－5に示すフルハーネス型であることが原則であるが，フルハーネス型の着用者が墜落時に地面に到達するおそれのある場合（高さが6.75m以下）は，「胴ベル

ト型（一本つり）」を使用できる。

　高さが２ｍ以上で，作業床を設けることが困難なところにおいて（ロープ高所作業に係る業務を除く），フルハーネス型の墜落制止用器具を用いて作業を行う労働者は，特別教育を受けなければならない。

　墜落制止用器具は，以前は安全帯と呼ばれていた。ただ，安全帯に認められていたワークポジショニング用器具であるＵ字つり胴ベルトは，現在の墜落制止用器具に含まれていない。

　なお，法令用語は「墜落制止器具」であるが，建設現場等において，従来からの呼称である「安全帯」，「胴ベルト」，「ハーネス型安全帯」を用いることは差し支えない。

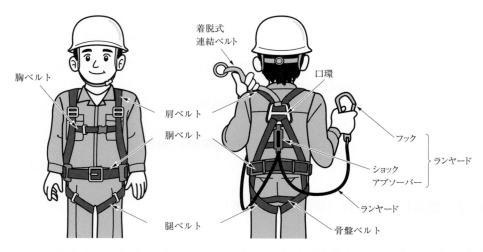

図12－5　墜落制止用器具（フルハーネス型）の各部名称

第**13**章

安全心理と人間工学

　作業時の安全性は，身体の機能的特性によって左右される要素が多く，それらを考慮した環境づくりをすることが，災害を減らすことにつながる。同様に，人間の心の働きが安全性に影響を与える部分も多く，機械的にそれを予見し，対応策を講じることは一見難しいように思われる。

　しかし，人間の心理的特性には一定の方向性によるところもあり，それを研究し，理解することで，人間特有の原因に起因した災害を確実に減らすことができるのも事実である。

　当然，人間が己自身の特性すべてを理解することは，到底不可能である。よって本章では，特に，人間の特性理解に対するアプローチの方法について考えることに重点を置いてほしい。

第1節　人間の特性

　人間の特性には様々なものがあり，それらを理解することが人間の特性を原因とした災害を防止するための第一歩となる。ここでは，安全に関与する人間の特性について，主なものを確認する。

1.1　簡潔性の原理

　人間は物事を認識しようとする際，なるべく簡単に処理しようとする基本特性をもっている。これを簡潔性の原理と呼んでいる。

（1）　接近したもの同士がまとまろうとする（近接の要因）

　図13－1において，全体としてまとまって見えるのではなく，近い二つの丸が，それぞれ1組にまとまって見える。これは，近いもの同士を一群にまとめるという知覚があるためである。

（2）　よく似通ったもの同士がまとまろうとする（類同の要因）

　図13－2において，7個の丸のまとまりではなく，白丸と黒丸がそれぞれまとまったように見える。これは，似通ったもの同士が一群として認知されやすいためである。

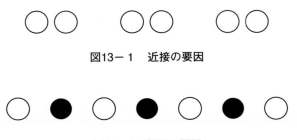

図13－1　近接の要因

図13－2　類同の要因

（3）　閉じた形をなすようにまとまろうとする（閉合の要因）

　図13-3において，三つの丸状のものが，個々にあるように見えるのではなく，大きな外側の大きな丸で，小さな二つの丸状のものを閉合しているように見える。

　このことは，近接，類同の要因よりも，閉合の要因の傾向が強いことを示している。

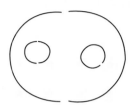

図13-3　閉合の要因

（4）連続をなすようにまとまろうとする（連続の要因）

　図13-4（a）を見ると，直線と曲線が交わっているように見え，同図（b）のように変形した2つのものが組み合わされたもののようには見えくい，という傾向がある。

（a）直線と曲線の交わり　　　（b）変形した2つのものの組み合わせ

図13-4　連続の要因

（5）　よい形（規則性，相称性，単純性）にまとまろうとする（よい形の要因）

　単純，対象，完結，規則性をもつ形は，まとまって見える。そのため，二つの四角が重なっているように見える（図13-5）。

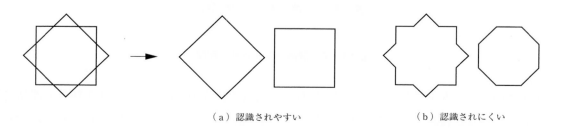

（a）認識されやすい　　　　　（b）認識されにくい

図13-5　よい形の要因

　簡潔性の原理を利用することが，作業の効率性や安全性にも関係してくるということを，次の例をもとに考えていきたい。

　工場内で同じ装置を組み立てる，製造ラインを想像してみよう。1台の装置を組み立てるには同じ部品が複数個必要になり，その部品がコンテナの中に何個も並べられている。作業者はコンテナの中から必要な数量の部品を取り出し，装置を1台ずつ組み立てていく。

　まず，コンテナ内に，部品を等間隔で置いた場合を考える（図13－6）。

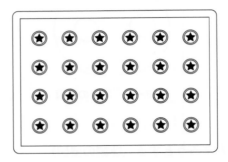

図13－6　等間隔の配置

　事前に情報が何もない状態で，この部品の配置を見たとき，コンテナ1杯分の部品でいったい何台の装置が組み立てられるのか，想像できるだろうか。

　個々の部品とその周囲の部品との関係性が一定であるため，その中から特定の関係性やグループを見いだすことができず，分割することができない。そのため，組み立てに必要な部品の個数を知っていたとしても，全体量を把握しようと思うと心理的負荷が大きくなり，作業効率にも影響してくる。

　次に，コンテナ内に置く部品の間隔を，意図的に変化させた場合を考える（図13－7）。

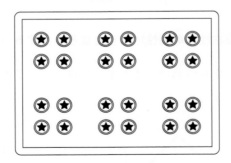

図13－7　間隔を変化させた配置

　まずこのイラストを見たとき，先程と同様に，何台の装置が，このコンテナ1杯分の部品で組み立てられると判断するだろうか。おそらく4個一組で6台分と感じたのではないだろうか。部品配置の関係性に変化を付けることで，距離の近い4個の部品が一つのグループである，と

容易に認識できるのである。こうすることで，使用した部品数量の把握等における心理的負荷を軽減し，作業効率の向上を図ることにもつながる。

　しかしその一方で，この配置に特別な意味がなかった場合は，4個で一組という印象を強く与えてしまうため，必要数量の把握等において，ミスを誘発する原因になってしまう。

　この事例では，視覚的に「距離が近い」というルールによって物事を群化し，簡単に認識していこうとする「近接の要因」を確認した。これ以外にも，人間の心理に簡潔性の原理が働く要因はいくつもあり，それらを理解して活用することができれば，作業効率の向上を図りながら，ミスやそこから生じる事故を減らすことにも貢献できる。

1.2　色彩調節

　人間が外界から得る情報の約8割は，視覚によるものであるといわれている。視覚情報には色彩があり，私たちは多くの色彩の中で生きているため，そこから受ける心理面や身体の機能面の影響は，決して少なくない。よって，適切に色彩を調節することで，安全や衛生環境の向上が図られるため，事業場等では積極的に用いられている。

（1）　色の表現方法

　物体から直接発せられる光や，物体に当たって反射した光が網膜に当たると，人間は色を感じる。しかし，色の感じ方は人それぞれであるため，客観的に区別することが難しい。

　そこで，色を次の三属性を用いて表現することで客観性をもたせ，幅広く活用することを可能としている。

① 色　　　相

　　色相とは，赤，橙，黄，緑，青，紫のような，色合いの系統を表す。

　　黒，白，灰には色相がなく無彩色と呼ばれるが，それ以外の色には何らかの色相があるため，有彩色と呼ばれる。

② 明　　　度

　　明度とは，色の明るさを表す。同じ色相でも明るさによって色は異なる。

　　なお，黒，白，灰といった無彩色は，この明度の違いだけで区別される。

③ 彩　　　度

　　同じ色相，同じ明度の色であっても，色鮮やかなものと鈍いものがある。この鮮やかさを表現するものが彩度であり，最も彩度が高い色は純色と呼ばれる。

　この三属性による色の表現方法の代表的なものに，マンセル表色系がある。日本の産業界でもこのマンセル表色系を基本とした JIS Z 8721：1993「色の表示方法−三属性による表示」に

よる表示が制定され，広く活用されている。また，具体的な色名も JIS Z 8102：2001「物体色の色名」によって示されている（表13-1，表13-2）。

【マンセル表色系による表示例】

5 R 4 /14：色相5番目の赤，明度4，彩度14

表13-1　有彩色の基本色名（JIS Z 8102：2001）

基本色名	読み方	対応英語	略　号
赤	あか	red	R
黄赤	きあか	yellow red, orange	YR, O
黄	き	yellow	Y
黄緑	きみどり	yellow green	YG
緑	みどり	green	G
青緑	あおみどり	blue green	BG
青	あお	blue	B
青紫	あおむらさき	purple blue, violet	PB, V
紫	むらさき	purple	P
赤紫	あかむらさき	red purple	RP

表13-2　無彩色の基本色名（JIS Z 8102：2001）

基本色名	読み方	対応英語	略　号
白	しろ	white	Wt
灰色	はいいろ	grey（英），gray（米）	Gy
黒	くろ	black	Bk

（2）　色が人に与える影響

色は人に様々な影響を与えるため，使い方によっては作業の安全性や効率性を高めることにも貢献する。次に，その効果の一例を示す。

a　注意力喚起

誘目性の高い赤や橙等の色には，注意力を喚起する効果がある。また，同じ色相でも明度と彩度が高い方が，よりその効果が高い。

そのため，機械装置等では，異常を報知する表示灯の色として用いられることが多い。

b　感情の調節

一般に，暖色と呼ばれる赤や黄系統の色は興奮感を高めるため，活動的な局面ではプラスの効果をもたらす。その一方で，寒色と呼ばれる青や緑系統の色は沈滞感を与えるため，冷静さが必要とされる局面で用いると，ミスを減らすことにもつながる。

（3）　安　全　色

危険に対する事故防止や緊急避難を目的として，JIS Z 9101：2018「図記号－安全色及び安全標識－安全標識及び安全マーキングのデザイン通則」の中では，安全色が定められている。

安全色を用いることで，ただの「色」でしかなかったものの中に共通した意味合いをもたせることができるため，統一した安全行動の推進につながる。

表13－3に安全色とその意味を示す。

表13－3　安全色の意味と使用例

色の名称	表示される意味	使用箇所	使用例
赤	防火停止禁止	防火，停止，禁止，特に危険のある箇所	防火標識，消火栓，警報器，緊急停止ボタン，通行禁止標識
黄赤	危険	すぐに災害・傷害を引き起こす危険性のある場所	危険標識，スイッチボックスのふたの内側，機械の安全カバーの内側，露出歯車の側面
黄	注意	衝突，墜落，つまずき等の危険のおそれのある箇所	注意標識，クレーンのフック，低いはり，衝突のおそれのある柱，ピットのふち，床上の突出物
緑	安全衛生進行	危険のないこと，危険防止又は衛生に関係する箇所，進行を示す表示	避難場所及び方向を示す標識，非常口を示す標識，安全衛生指導標識，救急箱，保護具箱，担架の位置，救護所の標識
青	用心	必要以外の操作してはならない箇所	修理中又は運転休止箇所を示す標識，立入り禁止標識
赤紫	放射能	放射能標識，放射能の危険のある箇所	放射能物質の貯蔵，取り扱いがなされ，又は放射能物質によって汚染された室あるいは場所，放射性物質の容器
白	通路整頓	通路の表示，方向指示，整頓を必要とする箇所	通路の区画線，物品の置き場所，補助色としての防止，安全，用心棒の標識の文字
黒		方向指示の矢印，注意標識のしま模様，危険標識の文字	注意，及び危険標識の文字，注意標識のしま模様

1.3　不　注　意

不注意とは，注意が及ばない状態のことであり，人の特性上，誰にでも起こり得るものである。しかし不注意は，ときとして交通事故や労働災害の引き金となり，人を死に至らしめる原因にもなってしまう。不注意を完全に防ぐことは難しいが，人の特性の一面として顕現しているため，どのような場面で不注意になるのかを理解することができれば，事前に対処して一定の効果を上げることも可能である。

（1）　不注意の原因

不注意の原因は，心理的なものに由来するところが大きい。まず一つ目として，注意力の「選

択」における特性が挙げられる。例えば，集中して作業を行っていた場合でも，その周囲で作業者本人が強く興味を感じるような会話があった場合，その内容に気をとられて集中力が低下してミスを犯してしまう。つまり，注意力は，より関心度の高いものや外部刺激の強いものへと注がれるという傾向がある。

　二つ目として，注意力の「配分」における特性がある。人は，同時に複数の対象に注意力を注ぐことは難しい。注意するということは，それだけ心理的な負荷を抱えることであり，対象が増えることによってキャパシティーを超え，結果として，注意力が及ばない状態になってしまう。

　次に，注意力の「集中」における特性である。人は，一つのことに高い集中力をもって取り組むと，外界からの刺激を知覚する能力が乏しくなり，他のことに注意が及ばなくなる。高い集中力を発揮しているにもかかわらず，結果として危険な状態になってしまうのである。

　それ以外では，慣れた作業や単純作業は刺激に乏しく不注意の原因になるほか，単純に肉体的及び精神的な疲労といったものも原因になり得る。

（2）　不注意に対する対応

　不注意は，人間の特性上，必ず起こるものであると述べたが，事故を防ぐためには不注意を減らすように努めなければならない。

　まずは，不注意の原因となる外界からの刺激や作業の仕方など作業環境に起因することを解決する。また，完全に不注意をなくすことは難しいため，複数人のチームを組んで注意力を分担し，お互いに補完し合うことによって総合的な注意力の水準を維持することも有効である。

　次に，人間が外界から受ける情報の8割は視覚であるという特性を活用し，図13-8に示すような標識によって注意を促すことも効果がある。

　人は，注意力を多く注ぐほど心理的な負荷が増大し，その状態を長い時間維持することができないため，適切に休憩をとることも重要である。目を閉じて深呼吸を数回繰り返すなどして，一息入れるだけでも注意力の回復を促すことができる。

図13-8　JIS の記号を用いた安全標識例

1.4　人間の行動特性

　人間の行動にはある種の法則性があるため，それを研究し，行動特性として体系化していくと，産業活動の様々な場面で活用することができる。

　実際に製造現場でも，作業者の行動を観察し，そこから導き出した行動特性に基づく最適動作や環境を標準化することによって，生産性の向上を図っている。また，行動特性に起因するエラーを未然に予測し，対策を講じることが，災害防止の手法としても機能している。

　行動特性というと，身体の動作など明らかに形として現れるものを想像しがちだが，実際は，その内面にある意識や知覚等も含まれるため多岐にわたる。その一つを，製造現場における活用例をもとに確認したい。

　プレス作業によって部品を加工する工程を想像してみよう。

　オペレーターは，材料をプレス機械にセットして操作ボタンを押す。そうすると，スライドとともに金型が下降して材料を成型した後，スライドが再び上昇する。オペレーターは成型された部品を取り外し，次の材料をセットし，同じ工程が繰り返される。

　仕事として行っている以上，オペレーターには生産性を上げようとする心理が働くため，より短い時間で多くの部品を生産する方法を模索し始めるのが一般的である。

　しかし，人間は手順を省略しようとする特性をもっているため，一部の者は安全手順を省略し，材料に手を添えたまま操作ボタンを操作する場合があるだろう。その結果，下降した金型に挟まれ，指先を欠損するという事故が発生してしまう。

　この種の事故を防ぐため，方策はいくつか考えられるが，その一つとして両手使用式操作ボタンの設置がある（図13－9）。金型を下降させるためには，左右両手で二つの操作ボタンを同時に押す必要があるため，必ず両手が安全圏まで出ている状態で金型が下降することになる。

図13－9　両手使用式プレス機械

単純な仕組みではあるが，人間の行動特性に基づいた対応策である。

　このような特性は様々な場面で数多く現れるため，現場をよく観察し，危険を予測することが安全性向上に結び付く。

第2節　人間の素質

　人間は，生まれながらにして様々な素質をもっている。素質には精神的なものと身体的なものがあり，それは将来，経験を通じて能力を開花させる可能性であるともいえる。

　これまで，人間の特性が災害発生に関与していることを確認したが，同様に，素質との関連についても考えてみよう。

2.1　知能・性格・感覚運動と災害の関係

（1）　知　　能

　知能とは，広義の「考える」特性であり，また，その能力のことでもある。一般に，知能が不足している場合，困難や未経験の事態に遭遇するとその状況に適応できず，適切な対応をとることが難しい。

　災害は，困難かつ未経験であるものがほとんどなので，知能の差によって災害発生の有無や，もたらされる結果にも差が生じるといえる。しかし，知能と災害の関係は計りづらく，それが直接的な原因と判断することは難しい。そのため，個々の知能の特性を感じ，災害を未然に防ぐ努力を行うことこそが重要である。

（2）　性　　格

　性格とは，人間の感情や意思の方向性であり，行動志向の根拠になり得るものである。性格は，生物学的要因によって先天的に形成される部分と，環境や学習によって後天的に形成される部分とで成り立っているといわれている。

　性格と災害の直接的な関係性を示すことは，やはり難しい。しかし，いくつもの性格検査の手法が確立されているため，一定の基準において客観的な性格判断を行うことはできる。

　ここでは，自己の性格を認識することが重要である。性格を自覚すれば特定の場面における注意力を上げることができ，それ自体が災害防止対策になる。

　なお，性格は他者との人間関係に深く関わるものであるため，コミュニケーション不足等が原因となって発生する災害を事前に予測し，対策を講じることは可能である。

（3）　感覚運動

　感覚運動とは，筋肉や関節の動きを感覚として捉え，体の動きや姿勢を制御する運動のことである。例えば，人は目を閉じたままでも腕を肩の高さまで上げることができる。それは，肩の高さまで上げられた筋肉の感覚を，無自覚に認識しているからである。この，当たり前のような感覚運動機能は，通常意識することはなく，幼少期から体を動かすことによって発達させていくものである。

　感覚運動機能は，様々な姿勢でバランスを保つこと等に関係しているため，発達不良や疾病，加齢によって本来の感覚運動機能が発揮できない状態になると，つまずきによる転倒や高所からの墜落といった，労働災害の中でも発生件数の多い災害の原因となる場合がある。

　このような災害を防ぐためには，自己の体調変化に意識を向けるとともに，安全作業器具を適切かつ確実に使用すること等が求められる。

第3節　人間工学

　人間工学とは，快適かつ効率的な人間活動の実現に向けて，人間の特性や機能を研究し，諸問題を解決していくことを目的として発展してきた学問である。

　人間工学は，人間活動のすべての場面で応用することが可能であり，生産現場においては「人間」と「設備」という異質なもの同士の合理的な調和を図り，疲労軽減による生産性の向上や災害防止に深く関与する。

　実際に人間工学的改善を進める場合は，関連するメンバーによるグループワークで問題点を抽出し，人間の特性や機能と照らし合わせながら試行錯誤する必要がある。

3.1　ヒューマンエラー

　ヒューマンエラーとは，人間が行う様々な行動の中で，意図した結果が得られなかった事柄のことをいう。日常生活の中で起こる些細なものもあれば，重大災害の原因になるものまで幅広くある。

　ヒューマンエラーには，意思決定等に関する心理的要素と，その後の活動に係る身体的要素によるものがあり，段階的に知覚・認識のエラー，判断のエラー，行動のエラーにそれぞれ分類される。簡単な例として，認識エラーの一つである錯覚を感じてもらおう。

　図13-10の図形において，4本の縦線はすべて平行な線なのだが，本当にそのように見えるだろうか。

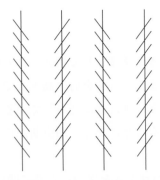

図13-10　ツェルナーの図形

　このように，私たち人間は外界の情報を，そのままの形で認識できるとは限らない。

　人間の特性上，ヒューマンエラーを完全になくすことは不可能である。しかし，その前提を理解した上で，ヒューマンエラーを発生させる人間の特性とそれを防ぐ方向に働く環境を，人間工学的アプローチによって構築・調和させることが可能であれば，ヒューマンエラーに起因する災害は確実に減らすことができる。

3.2　作業と適切な姿勢

　不適切な姿勢での作業は，疲労による生産性の低下だけでなく，作業員の怪我や疾病の原因にもなる。そのため，作業員の健康を確保すると同時に生産性の向上を図るためには，場面ごとの作業研究を行い，人間工学的アプローチによって改善を進めていく必要がある。

（1）　運　搬　作　業

　様々な業務において，ものを運搬する作業は多い。それは時に重量物の場合もあれば，介護現場等では人そのものを運ぶ場合もある。

　運搬作業中の姿勢が原因で起こる疾病で，代表的なものが腰痛である。腰痛は不適切な姿勢で重量物を持ち上げたり，体幹をひねったりしたときに発症する。不適切な姿勢の例として，前かがみになり，少し離れた位置にある荷物を持ち上げている状態を図13-11に示す。

　図のように，体幹を前屈させる動作は不安定で負担が大きいため，腰痛の原因になりやすい。腰痛は，その痛みによって作業を困難にさせるため，生産性が著しく低下する。また，長期化すると，物事への取り組みに対する積極性を失わせるため，メンタルヘルスの面で新たな疾病の原因ともなり得る。

　腰痛を発症させないように重量物を持ち上げるためには，図13-12に示すように，できるだけ荷物に近づき，体幹を伸ばして足の力で持ち上げることが重要である。

　なお，重量物の重さの限度は，表13-4，表13-5に示された値を参考にする。

図13−11　不適切な姿勢による持上げ作業
（デリック形）

図13−12　正しい姿勢による持上げ作業
（ひざ形）

表13− 4　重量物の重さの限度
（出所：厚生労働省「職場における腰痛予防対策指針」）

	重量物の重さの限度
男性	体重の40% 以下
女性	男性の扱う重量の60% 以下

【計算の例】
　　男性（身長170cm，体重67kg）の場合………　$67 \times 0.4 = 26.8$ ［kg］
　　女性（身長154cm，体重54kg）の場合………　$54 \times 0.4 \times 0.6 = 12.96$ ［kg］

表13− 5　重量物を取り扱う業務
（出所：「女性労働基準規則」第2条）

年　　齢	断続作業		継続作業	
	男性	女性	男性	女性
満18歳以上	定めなし	30 kg 未満	定めなし	20 kg 未満

　また，運搬作業では，持ち上げ作業そのものを減らす取り組みも重要である。
　資材を扱う作業面の高さを揃えたり，ローラーコンベアを活用して資材を水平に移動させたりすることで，腰痛のリスクを低減させるとともに，作業効率の向上も図ることが可能となる（図13−13，図13−14）。

図13-13　作業面の高さ調整

図13-14　ローラーコンベアの利用

（2）　静 的 作 業

　身体を積極的に動かすことが少ない業務であっても，作業姿勢については考えなければならない。ドライバーや長時間のコンピュータの操作，デスクワーク等の静的作業では，同じ姿勢をとり続けることで血流障害が生じ，全身の倦怠感やストレスの蓄積といった不調を起こしやすい。

　このような症状を防ぐためには，一定時間ごとに柔軟運動を行ったり，ほかの作業に移行したりする等の作業管理を行うことが重要である。

３.３　疲　　労

　人間は機械と異なり，活動すれば必ず疲労する。疲労は生産性の低下や災害発生の原因となるため，疲労とその原因を知り，予防策や疲労回復について考えていくことが重要である。

（1）　疲 労 と は

　人間は生活の中で，様々な身体的及び精神的活動を行っている。活動を続けると，やがて人間の機能は低下し，それに伴い活動効率も低下する。この状態を疲労と呼ぶが，休息を取ることによって機能を回復させることができるため，再び本来の能力で活動することができるようになる。

　もし，休息を取らなかったり休息が十分でなかったりすると，心身には故障が発生し，やがて本格的な疾病へと発展してしまう。

（2）　疲労の原因

　疲労の原因には様々なものがあり，それによって引き起こされる疲労にも，身体的なものと精神的なものがある。図13−15に，人間に疲労を生じさせる環境由来因子の例を示す。

　疲労の原因は，必ずしも単一因子によるものとは限らず，複数の因子が重なり合って引き起こされる疲労も複雑なものとなる。また，ライフスタイルの変化により，今までなかったようなものが新たに疲労の因子として加わることが考えられるため，今後ますます疲労の形態は複雑化していくだろう。

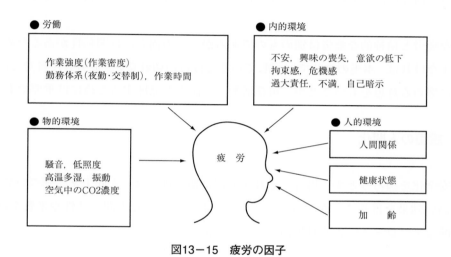

図13−15　疲労の因子

（3）　疲労の予防

　疲労予防を図る上で行うことは，疲労の原因となっている要素を分析し，原因を除去する方法を考え，実践することである。

　まず，活動量や強度が，その者の能力や経験，適性に対して適切であるかを判断する。その結果，オーバーワークとなる場合は適正な範囲に収まるよう，活動量等の調整が必要となる。

　活動量等が適切であっても，温度や湿度，照度といった環境条件によっては想定以上の疲労が蓄積するため，環境改善に取り組まなければならない。また，作業姿勢等は直接的に身体の疲労につながるため，作業動作を分析し，人間工学的手法によって改善することも重要である。

　蓄積した疲労も，休息を取ることで回復させることができる。そのため，活動と休息のバランスを考え，ある程度長期的な活動計画の中で生活していくことで，許容量を超える疲労の蓄積を予防することができる。

（4）　疲労の回復

　疲労の原因が様々であるように，疲労回復の方法もその個人や環境によって異なるが，共通する一般的事項について次に述べる。

　まず，疲労によって失われた栄養素を食事によって吸収し，有効な睡眠をとることが，心身の疲労回復における基本である。

　入浴やマッサージは血行の促進を図り，身体的疲労によって体内に蓄積された疲労物質を体外に排出するのを促す効果がある。また，リラックス効果もあるため，精神的疲労に対しても有効である。同様に，余暇に適度な運動を行うことも，心身の疲労回復に有効であるとされている。

　身体的な疲労と精神的な疲労は別のものであるが，この両者には関係性があるため，双方の回復が進まなければ，本当の意味で回復しているとは言い切れない。疲労した自身と向き合い，その回復に努める意思をもつことが，再び活動して能力を発揮するためには重要である。

３．４　設備の人間化

　設備の安全化を図ろうとする場合，それを人間が使う以上は，人間工学に基づいて進めていくことで高い効果を得ることができる。これまで説明してきた人間の特性や素質を踏まえて，人間工学的なアプローチによる対策例について考える。

（1）　計　　測

　製造や監視の業務において，オペレータが計測を行い，その値に応じて適切な操作を行うという場面は少なくない。

　図13−16と図13−17に，同じ計測値を指す二つの異なるパターンの表示器を示す。このとき，計測値が4から5までの範囲内であれば，正常値であるとしよう。

図13−16　数字による表示

図13−17　移動ポインターによる表示

　数字による表示の場合，具体的な計測値は分かりやすいが，正常値に対する増加や減少の傾向はつかみにくい。その一方で，移動ポインターによる表示の場合は，直感的に増減の傾向を読み取りやすいものの，具体的な数値を計測するには，注意深く表示器を観察する必要がある。

　このように，見える形によって認識の仕方にも影響を受けるため，計測作業の本質を理解し，それに沿った表示の仕方を工夫すれば，計測時における作業者の負担軽減とエラーの防止を両立することが可能となる。

（2）　表　示　器

　単に計測値を表示する場合でも，効果的に色を活用することで作業者の精神的負担を軽減することができる。

　前述の図13−17の表示器において，正常域が4〜5，許容域が3〜4及び5〜6である監視業務を行うことを想定しよう。移動ポインターによる表示のため，正常値に対する計測値の増減傾向は，直感的につかみやすい。しかし，計測値が正常域や許容域に入っているかどうか，正確に認識するためには，ある程度表示器を注視する必要がある。

　そこで，この表示器に色を加え，そこに意味を持たせる工夫を行った例を図13−18に示す。色で区分けすることにより，正常域と許容域，その他の領域の区別が容易になったことが分かるだろうか。

　このように，表示器に色を用いて区別するだけでも認識に要する精神的負担を軽減することができるため，長時間の監視業務等ではヒューマンエラーの防止につながる。

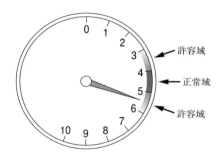

図13−18　色分けした表示

（3）　通路・階段等の設備

　生産現場において通路や階段等は，人が移動するための設備であるのと同時に，必要な資材の運搬にも欠かすことのできないものでもある。

　図13−19に示すような小さな階段を昇降して，資材を運搬する場面を想像してみよう。階段の昇降には，階段の蹴上げ高さに応じた筋力が必要となるため，運搬作業は直接的な身体的負

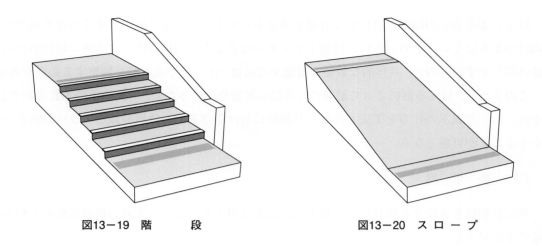

図13－19　階　　段　　　　　　　　図13－20　スロープ

荷となる。また，踏み外し，つまずきによって転倒し，災害に発展する可能性もある。

　次に，階段の箇所を図13－20に示すスロープに置き換えた場合について考える。

　スロープの場合，勾配を緩くすることで運搬作業時の身体的負荷を低減することができるほか，つまずきによる転倒の可能性を大幅に減らすことができる特徴がある。また，作業台車や移動式ラックといった車輪を備えた運搬用具を用いることも可能となる。これら運搬用具は，運搬作業時の身体的負荷を大幅に低減すると同時に，その積載量を生かすことで作業効率も向上するため，腰痛等の身体の故障を防ぐことにもつながる。

●●●●●●●●●●● 第**14**章

職場と健康

第1節　健康管理

　健康管理は，業務上疾病を発生させないよう，また，増悪させないように健康診断によって異常を早期発見し，その結果に基づいて勤務条件や仕事の内容等を調整するほか，職場の環境改善を図ることを目的としている。

　作業環境の改善によって，昔のような典型的な症状を呈する職業性疾病は減少した。しかしながら，中高年齢化，長期・微量ばく露の影響，さらには私生活上の環境因子等の影響又は精神的ストレスによる身体の異常も加わり，健康不調を訴える者は増加の傾向にある。これらの業務起因性の判断を行うことは，ますます困難になりつつある。

　したがって，健康診断や事後措置を十分に行うことは当然であるが，日常の健康相談や指導等，健康の保持増進のための管理と併せた総合的健康管理をきめ細かく運営する必要がある（図14－1）。

　職場における健康診断として，一般健康診断及び有害業務従事者に対する特別の健康診断の実施が義務づけられている。

　また，がん，その他の重度の健康障害を生じるおそれのある一定の業務従事者には，離職の際に健康管理手帳を交付し，離職後の健康診断の実施を国が行うこととしている。

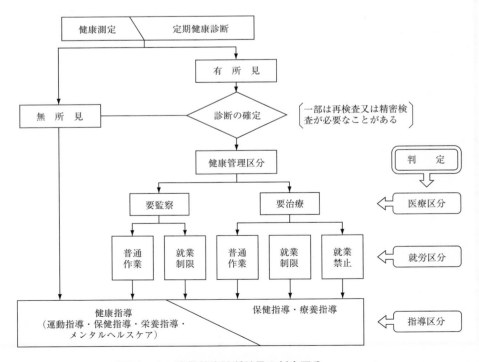

図14－1　定期健康診断結果の判定区分

1.1 定期健康診断

常時50人以上の労働者を使用する事業者の定期健康診断結果報告によると，2018（平成30）年における一般健康診断受診労働者は約1,361万人で，そのうち，健康診断項目のいずれかが有所見であった者（他覚所見を除く）の総数は約755万人，有所見率は55.5%になる（表14－1）。

なお，定期健康診断の項目別有所見率の年次推移は，表14－2のとおりである。

表14－1　年別定期健康診断実施結果
（出所：厚生労働省「定期健康診断結果報告」）

	2012年	2013年	2014年	2015年	2016年	2017年	2018年
受診者数［人］	13,096,696	13,262,069	13,492,886	13,476,904	13,650,292	13,597,456	13,617,710
所見のあった人数	6,900,380	7,031,313	7,183,780	7,222,817	7,338,890	7,353,945	7,559,845
所見のあった者の割合［%］	52.7	53.0	53.2	53.6	53.8	54.1	55.5

注1）「所見のあった人数」とは「安衛則」第44条及び第45条で規定する健康診断項目のいずれかが有所見であった者（他覚所見を除く）の人数をいう。
注2）所見のあった者の割合は次式による。
　　（所見のあった者の割合）＝（所見のあった人数）÷（受診労働者総数）×100

表14－2　定期健康診断年次推移（項目別有所見率等）
（出所：（表14－1に同じ））

	2012年	2013年	2014年	2015年	2016年	2017年	2018年
聴力（1,000Hz）	3.6	3.6	3.6	3.5	3.6	3.6	3.7
聴力（4,000Hz）	7.7	7.6	7.5	7.4	7.4	7.3	7.4
胸部X線検査	4.3	4.2	4.2	4.2	4.2	4.2	4.3
喀痰検査	2.2	1.9	1.9	1.8	1.8	1.9	2.3
血　圧	14.5	14.7	15.1	15.2	15.4	15.7	16.1
貧血検査	7.4	7.5	7.4	7.6	7.8	7.8	7.7
肝機能検査	15.1	14.8	14.6	14.7	15	15.2	15.5
血中脂質	32.4	32.6	32.7	32.6	32.2	32.0	31.8
血糖検査	10.2	10.2	10.4	10.9	11.0	11.4	11.7
尿検査（糖）	2.5	2.5	2.5	2.5	2.7	2.8	2.8
尿検査（蛋白）	4.2	4.2	4.2	4.3	4.3	4.4	4.3
心電図	9.6	9.7	9.7	9.8	9.9	9.9	9.9
有所見率	52.7	53.0	53.2	53.6	53.8	54.1	55.5

注）「所見のあった者の割合」は「安衛則」第44条及び第45条で規定する健康診断項目のいずれかが有所見であった者（他覚所見のみを除く）の人数を受診者数で割った値である。

1．2　特殊健康診断

　事業者は，一定の有害な業務に従事する労働者に対して，特別の項目について医師による健康診断を行わなければならない。一部の業務については，それらの業務に従事させなくなった場合においても，その者を雇用している間は，特別の項目について医師による健康診断を定期的に行わなければならない。

　特殊健康診断の実施は，「安衛法」で事業者に義務を課していることから，その費用は事業者が負担すべきものであり，また業務の遂行に関係して実施されなければならないので，受診に要する時間は労働時間とし，時間外に行われた場合には割増賃金を支払わなければならない。

　特殊健康診断の結果によっては，当該労働者の実情を考慮して，就業場所の変更，作業の転換，労働時間の短縮等の措置を講じるほか，作業環境測定の実施，施設若しくは設備の設置又は改善等の適切な措置を講じなければならない。また，記録を作成し，5年間若しくは30年間（業務の種類による）保存する必要がある。

　「安衛法」で特殊健康診断を実施しなければならないとされている業務は，次のとおりである。
① 高気圧業務
② 放射線業務
③ 特定化学物質業務
④ 石綿業務
⑤ 鉛業務
⑥ 四アルキル鉛業務
⑦ 有機溶剤業務

　ただし，一定の特定化学物質業務や石綿業務等については，それらの業務に従事しなくなった場合でも実施しなければならない。また，常時粉じん作業に従事させる労働者に対しては「じん肺法」に基づくじん肺健康診断を定期的（労働者の状況により1年以内ごと，又は3年以内ごと）に実施しなければならない。

　このほか，情報機器作業や振動業務等においては，特殊健康診断の実施が指導勧奨されている。

1．3　結核の健康診断

　結核の健康診断は，以前「安衛則」の第46条には，旧結核予防法にならい，定期健康診断等において結核発病のおそれがあると診断された者に対し，6か月後の胸部エックス線検査等の実施を事業者に義務づけていた。しかし，「改正結核予防法」において，結核発病のおそれが

あると診断された者に対する6か月後の胸部エックス線検査等の実施に係る規定が，医療機関への受診を前提として廃止されたため，「安衛法」においても同趣旨の規定が削除された。

しかしながら，定期健康診断等の結果，結核の発病のおそれがある者については，確実に医療機関を受診するよう事業者は配慮すべきである。

1.4　歯科医師による健康診断

次の物質のガス，蒸気又は粉じんを発散する場所における業務に従事する者に対しては，雇用する時，当該業務への配置替えの際，及びその後6か月以内ごとに，定期に歯科医師による健康診断を実施しなければならない。

① 　塩酸，硝酸，硫酸，亜硫酸，弗化水素，黄りん
② 　そのほか，歯又はその支持組織に有害なもの

1.5　有害業務従事者の健康診断

有害な業務に常時従事する労働者等に対し，原則として，雇入れ時，配置替えの際，及び6か月以内ごとに1回（じん肺健康診断は管理区分に応じて1～3年以内ごとに1回），それぞれ特別の健康診断を実施しなければならない。

1.6　ストレスチェックの実施

常時使用する労働者が50人以上の事業場において，事業者は労働者に対して年に1回，スト

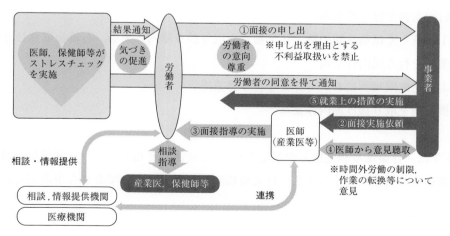

図14−2　ストレスチェック制度の流れ
（出所：厚生労働省）

レスチェックを実施し，申し出のあった高ストレス者に対して医師による面接指導を行うとともに，就業上の措置について医師の意見を勘案して必要な措置を講じる必要がある（図14－2）。

第2節　環境管理

ガスや粉じんが量に発生する場所，高温の溶解炉や加熱炉の付近，強い振動や騒音が発生する作業場所，有害放射線やげん光を発する場所，足場が悪い高所，照明が不十分な暗い場所，整理整頓がされていない作業場等では，作業者は直接危険にさらされていたり，疲労しやすい状態にあり，被災しやすい。

2.1　作業環境測定

「安衛法」では，労働者の健康の保持増進を前提として労働衛生水準を向上させるため，作業環境を快適な状態に維持管理するように努めることとしている。そのため，有害な業務を行う屋内作業場，その他の作業場で一定のものについては，必要な作業環境を測定し，その結果を記録することが規定されている（「安衛法」第65条）。

測定対象作業場の概要は，次のとおりである（「安衛令」第21条）。

① 土石，鉱物等の粉じんを著しく発散する屋内作業場
② 暑熱，寒冷又は多湿の屋内作業場
③ 著しい騒音を発する屋内作業場
④ 坑内の作業場
⑤ 中央管理方式の空気調和設備を設けている建築物の事務所
⑥ 放射線業務を行う作業場
⑦ 第1類若しくは第2類の特定化学物質を取り扱う屋内作業場，石綿を取り扱う作業場
⑧ 鉛業務を行う屋内作業場
⑨ 酸素欠乏危険場所において作業を行う作業場
⑩ 有機溶剤を取り扱う屋内作業場

昭和50年に「作業環境測定法」が制定され，「安衛法」と相まって，作業環境の測定に関し作業環境測定士の資格，測定の方法，作業環境測定機関等について必要な事項が定められた。

2.2　作業環境の改善

（1）　安 全 基 準

前項「2.1　作業環境測定」及び「第9章　安全基準」に基づき，作業環境を改善する努力が必要である。

（2）　衛 生 基 準

労働生産の場である建設物や付属建設物内の環境条件が悪かったり，低下したりすると，就労する労働者に対して，危害を発生させる度合を高めることになる。また，作業環境によっては，急性中毒，職業性疾病，伝染病疾患等の発生要因となることも考えられる。

そのため，「安衛則」では，建設物に直接関係のある換気，採光，照明，保温，防湿，休養，清潔等に関して，危害防止上必要な措置を講じるよう，次の項目別に規制されている（「安衛法」第23条，「安衛則」第3編）。

① 有害な作業環境（ガス，蒸気，粉じん，有害な光線，有害な超音波，騒音，病原体等について）

② 保護具等（保護衣，保護眼鏡，呼吸用保護具等について）

③ 気積及び換気

④ 採光及び照明

⑤ 温度及び湿度

⑥ 休養

⑦ 清潔

⑧ 食堂及び炊事場

⑨ 救急用具

以上の一般的な労働衛生対策のほかに，衛生上特に有害なものを取り扱い，あるいは衛生上特に有害なガス，蒸気，粉じん等にさらされる業務では，職業性疾病の発生を防止する対策が必要不可欠となるため，それぞれ特別規則として制定されている（p14，図1－1参照）。

（3）　特 別 規 制

前述の安全基準及び衛生基準のほか，「安衛則」では特別規制として，一つの場所において行う事業の仕事の一部を請け負わせる注文者（元方事業者）のうち，建設業，造船業等の特定元方事業者に対して，協議組織の設置，作業間の連絡調整，標識やクレーン等の運転の合図の統一等，数多くの規制を行っている。

また，機械等の貸与者（リース業者）及び建築物貸与者に関しても特別規制を行っており，

貸与者又は貸与を受けた者の講じるべき措置をはじめ，危害防止，安全管理等の義務，統一等を定めている（「安衛則」第4編）。

（4）　有害物に関する規制

「安衛法」では，製造，又は取り扱う過程で労働者に重大な健康障害を発生させる物質で，しかも適当な防護の方法がない特に有害な物質については，その製造を禁止している（「安衛法」第55条）。

さらに，一定の有害物については，製造の許可制度（「安衛法」第56条）や表示制度（「安衛法」第57条）を設けている。これは，製造段階や取り扱う過程で適切な防護措置を講じることができ，また，有害性を知らなかったり，取り扱い上の確認不足によって職業性疾病が発生することを防止するためである。

一方，労働者に健康障害を生じるおそれのある化学物質等を取り扱わせようとする場合には，事業者は，あらかじめこれらの有害性等を調査し，その結果に基づき健康障害を防止するために必要な措置を講じるように努めることが定められている（「安衛法」第58条）。

第3節　メンタルヘルス

IoT社会における仕事の質の高度化（仕事量の増加，仕事の高密度化，人間関係の希薄化等）とグローバル化（競争の激化，国際的ルールの導入，高度情報化の促進等）は，相互に加速し合う形で進展しており，労働者の多くがこの状況への適応を強く求められている。これらは，労働者のストレス要因となり得るため，ストレス反応として心身両面の健康障害を引き起こしていると推測され，労働者の心に不安と緊張を与え続けている。

3.1　メンタルヘルスケア（心の健康）の必要性

メンタルヘルス不調のために長期欠勤者が出ても，その欠勤者の代替者がおらず，欠勤者の仕事は同一職場の誰かが行わなければならない。誰かがその役割を引き受けても，業務に余裕のない職場では，次のメンタルヘルス不調者を出す要因となり得る。悪循環が起こり，仕事のパフォーマンスも低下し，業務の生産性が低下し，企業経営にとって大きなリスクとなる。

したがって，「企業全体の問題」として，他の職業性疾病と同様に取り組むべきといえる。

3.2　メンタルヘルスケアの推進

メンタルヘルスケアを進めるためには，法令順守を心がけ，個人情報保護に配慮し，継続的・計画的にケアを実行することが非常に重要である（図14－3，図14－4）。

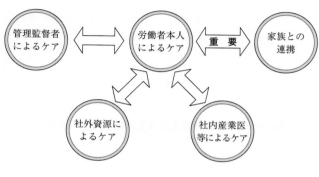

図14－3　メンタルヘルスケア

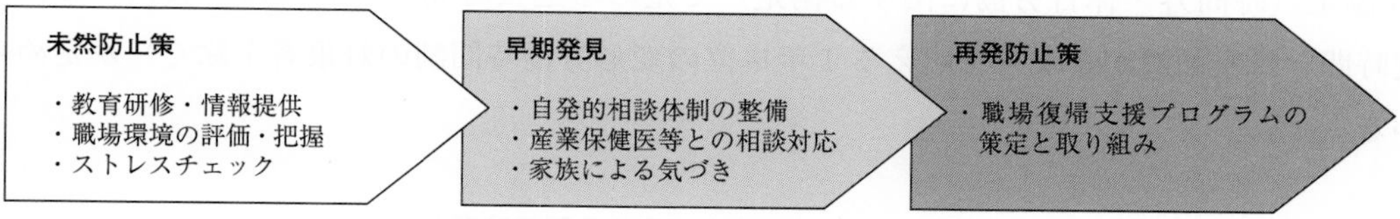

図14－4　メンタルヘルス対策における3つの予防

3.3　メンタルヘルス不調の防止

厚生労働省の Web サイトには，メンタルヘルスに関する情報が豊富にあり，各段階における参考資料として積極的に活用するとよい。

第4節　過重労働

過重労働による健康障害を防止するためには，時間外・休日労働時間の削減，年次有給休暇の取得促進等のほか，事業場における健康管理体制の整備，健康診断の実施等の労働者の健康管理に係る措置を徹底することが重要である。

また，やむを得ず長時間にわたる時間外・休日労働を行わせた労働者に対しては，医師によ

る面接指導等を実施し，適切な事後措置を講じる必要がある。

　労働時間と健康障害のリスクの関係について，図14－5に示す。

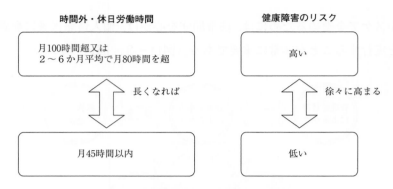

図14－5　労働時間と健康傷害のリスクの関係

4.1　時間外・休日労働時間の削減

　36協定（時間外・休日労働に関する協定）で定める延長時間については，表14－3に示す限度時間（対象期間が3か月を超える1年単位の変形労働時間制の対象者を除く）が定められている。

表14－3　36協定で定める限度時間

期　　間	1か月	1年間
限度時間	45 時間	360 時間

4.2　年次有給休暇取得の促進

　事業者は，労働者に対して最低基準として年5日，年次有給休暇を確実に取得させなければならない。また，年休を取得しやすい職場環境づくりに心がけ，年休の取得促進を図る必要がある。

4.3　労働時間等の設定を改善するための措置の実施

　厚生労働省「労働時間等見直し設定改善指針」に基づき，労働時間等の設定を改善するための措置を実施する。

4.4　産業医及び衛生管理者等の選任と必要な情報の提供

　事業者は，産業医，衛生管理者等の選任と職務の遂行できる環境を構築しなければならない。
　小規模事業場においては，産業医や保健師を選任して健康管理を行わせることが努力義務となっている。業務上の疾病（うつ病等の精神障害，脳・心臓疾患等）の発生原因究明と再発防止対策を実施する必要がある。

4.5　ワーク・ライフ・バランス

　「仕事と生活の調和（ワーク・ライフ・バランス）憲章」及び「仕事と生活の調和推進のための行動指針」は，国民的な取り組みの大きな方向性を示すものであり，事業者は実現のために積極的に取り組む必要がある。

第15章

国際安全規格の概要

　1995年以降，欧州を中心とした CE マーキング制度の導入や我が国における「PL 法」（「製造物責任法」）の施行等により，機械類の安全性に関わる国際標準化が，にわかに活発化してきた。我が国においては，「安衛法」の構造規格や個別安全規格はあるものの，国際標準化機構（ISO）が目指している安全規格体系の整備が十分ではなかった経緯がある。

　現在では，標準化は国際戦略，企業の経営戦略の一つと考えられ，WTO/TBT 協定（貿易の技術的障害に関する協定）による JIS の国際整合化行われてきた。

　機械やシステムの国際安全規格としては ISO 規格と IEC 規格があり，この二つの規格は，それぞれ対象としている分野が異なる。

　ISO（International Organization for Standardization）は，電気・通信及び電子技術分野を除く全産業分野に関する国際標準化機関で，これによって定められた国際規格が ISO 規格である。1947年に発足し，現在ではおよそ162カ国が参加している。

　これに対して IEC（International Electrotechnical Commission）は，国際電気標準会議といい，電気及び電子技術分野に関する国際標準化機関である。これによって定められた国際規格が IEC 規格である。1906年に発足し，現在ではおよそ80か国が参加している。工業の分野では，ISO 規格は機械系，IEC 規格は電気系の安全規格であるといえる。

　このように，ISO と IEC は別々の機関であり，それぞれの分野に必要な規格を制定している。さらに，その規格は個々の機械やシステムに合わせて定められておらず，機械やシステムは常に進歩するものであるので，個別に対応することは不可能である。

　そこで定められたのが「ISO/IEC ガイド51」である。「ISO/IEC ガイド51」では ISO・IEC 規格を三つの階層に分け，それらを組み合わせることで，あらゆる製品に対応できるようにしている。

第 1 節　国際的な安全規格体系

　「ISO/IEC ガイド51」には，安全やリスク等の概念や安全性を達成するための方法が示されており，それぞれの規格が，図15-1に示すような3段の階層構造で，機械安全規格が策定されている。

（1）　タイプ A 規格：基本安全規格（すべての安全規格に共通する概念や基本原則）

　タイプ A 規格は，基本安全規格と呼ばれるもので，「すべての機械類で共通に利用できる基本概念，設計原則を扱う規格」と定義されている。かつては三つの ISO 規格で構成されていたが，現在はそれらをひとつにまとめた ISO 12100：2010「機械類の安全性－設計の一般原則－リスクアセスメント及びリスク低減」のみで構成されている。

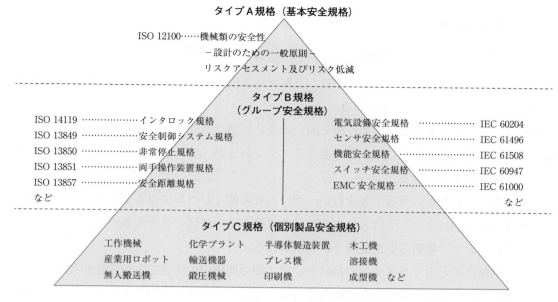

図15−1　国際安全規格体系の階層化構造及び規格の例

（2）　タイプＢ規格：グループ安全規格（広範囲の機械に共通して適用できる保護方策）

　タイプＢ規格はグループ安全規格と呼ばれるもので，「広範囲の機械類で利用できるような安全，又は安全装置を扱う規格」と定義されている。タイプＢ規格にはISO規格，IEC規格ともに多くの規格が含まれており，代表的なものとして，ISO 14119：2013「機械類の安全性−ガードと共同するインタロック装置−設計及び選択のための原則」やIEC 60204−1：2016「機械の安全性−機械の電気機器−第１部：一般要求事項」等がある。

（3）　タイプＣ規格：製品安全規格（個別機械，特定のグループに適用できる保護方策）

　タイプＣ規格は個別機械安全規格と呼ばれるものであり，「特定の機械に対する詳細な安全要件を規定する規格」と定義されている。タイプＣ規格は広い範囲をカバーするほかの２種類の規格とは異なり，機械の種類別に細かく設定されている。

第２節　「ISO/IEC ガイド51」とは

　「ISO/IEC ガイド51」のタイプＡ規格の中に，リスクアセスメントの項目がある。リスクアセスメントとは，これから設計する機械類にどのようなリスク（危険性）があるのかを事前にチェックする方法である。ここで重要となるのが，リスクと安全の考え方である。まず安全とは，国際安全規格では「受け入れ不可能なリスクがないこと」と定義されている。

（1）　安全性の考え方

　図15-2は安全性とリスクの概念について，分かりやすく説明したものである。この逆三角形の面積はリスクの大きさを表しており，上部であるほどリスクが大きく，許容レベルが低い（受け入れが難しくなる）状態である。

　例えば，もし子どもが動物園で，柵や囲いのない状態でライオンに遭遇してしまったら，非常に危険である。これは受け入れ不可能なリスクであるが，ライオンの前に頑丈な柵を設置すれば，リスクは小さくなる。

　このように，何らかの保護方策を行い，受け入れ可能なレベルになるまでリスクを低減させなければならない。また，受け入れ可能なリスクは，その時代の社会的価値観に基づいたものと定義されており，最新の安全装置等が要求される。

　また，同図の子どもとライオンの例において，柵の間隔が広すぎると危険性が残ることになる。このように，保護方策を取った後にまだ残っているリスクを残留リスクといい，残留リスクに対しては，警告や訓練，教育，保護具使用等の情報提供を行い，さらにリスクを低減させる。

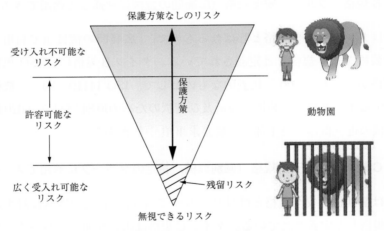

図15-2　安全性とリスクの概念
（出所：Tech Note「機械安全のリスクアセスメント：機械安全の基礎知識1」）

（2）　リスクアセスメントとリスク低減のプロセス

　図15-3は，リスクアセスメントとリスク低減のプロセスを示したものである。これは，「ISO/IEC ガイド51」のタイプA規格である ISO 12100において，リスクアセスメント規格として存在している。

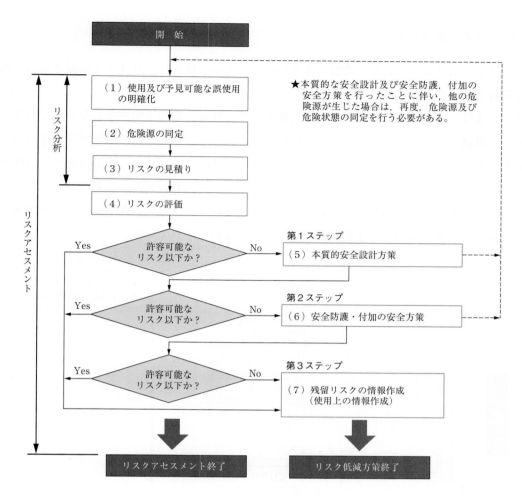

図15－3　リスクアセスメントとリスク低減の繰り返しプロセスの手順

　「使用や予見可能な誤使用の明確化」とは，危険源と間違った使い方を，製品の取扱説明書に記載することである。「危険源の同定」のうち，危険源は危害を起こす潜在的根源と定義されており，その同定は，様々な事故例の情報をもとに，この機械はこの危険源に該当と系統的に振り分けることである。自分で考え特定することではない。「リスクの見積り」では，振り分けられた危険源のリスクの大きさを見積もることである。

　次に，見積もったリスクが許容可能かどうかの判断をする。これが「リスクの評価」である。第4章の図4－8で示したリスク評価とリスクレベルの例に沿って，どのレベルが「許容可能なリスク」なのか，リスクのランク付けを行う。リスクが高く危険で大きな問題があれば，許容不可能なためリスクを低減させる。

　また，許容可能なレベルの場合は，妥当性の確認と文書化を行い，使用者に情報提供を行う。

（3）　リスク低減方策

　リスクアセスメントの結果，許容できないリスクがある場合は，リスクを低減させるための施策を行う。

　図15－4は，国際安全規格で示される主要なリスク低減方策の手順を示したものである。

　リスク低減方策は，「本質的安全設計方策」により基本的な安全性の確保が実施される。その結果として，それでも許容できないようなリスクが残った場合は，「安全防護による保護方策」及び「追加の予防策」を実施し，リスク低減を行う。最終的に残った残留リスクについては，「使用上の情報」を機械類使用者に提供する。この手順は，ISO 12100では３ステップメソッドと呼ばれており，この方策手順が前後してはならないとされている。

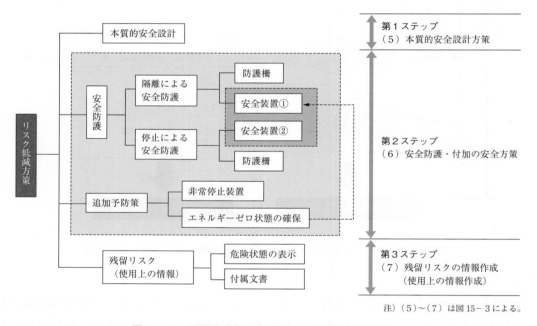

注）（5）～（7）は図15－3による。

図15－4　国際安全規格で示される主要な安全方策

2.1　本質的安全設計方策（第１ステップ）

　リスク低減を必要とする場合，その第１ステップとして実施しなければならないのが，本質的安全設計方策であり，可能な限り本質的安全設計により，リスクの低減を図らなければならない。具体的な例としては，以下のように，設計段階で解決できるものが挙げられる。

　①　危険を及ぼすおそれのある鋭利な端部（バリ），角，突起物を除去する。

　②　身体の一部が挟まれることによる危険を防止するため，機械の形状，寸法等を進入できないように狭くするか，挟まれない程度に広げる。

挟まれたときや激突されたときに，身体に被害が生じない程度に駆動力を小さくし，また運動エネルギーを小さくする。

2.2 安全防護による保護方策（第2ステップ）

第1ステップの本質的安全設計方策でリスクを除去又は低減できない場合は，第2ステップの安全防護によるリスク低減方策を検討する。

安全防護方策は，危険の伴う機械の運転時は，通常「隔離の原則」と「停止の原則」に基づいて行う。危険源に対してガードや安全防護柵等により危険区域を囲み，人が危険源に近づけないようにする方策が「隔離の原則」である。メンテナンス等により，やむを得ず人が危険源に近づく場合は，エネルギーがなくなってから人が近づけるようにするのが「停止の原則」である。

例えば，回転しているものに手を入れてしまうと，非常に危険である。完全に止まってから人間が手を入れるようにしなければならない。つまり，危険源のエネルギーゼロ（ゼロメカニカルステート）になったことを確認して，安全防護柵の扉が開くような方策である。

また，人が機械等に挟まってしまった場合等の救出手段として，非常停止装置がある。これが「追加予防方策」の一つである。我が国では，非常停止装置は「ものづくり」に欠かせないイメージがあるが，欧州の機械指令の中に「非常停止をもって安全対策，安全装置としてはならない」という規格が最初に出てくる。非常停止は事後処理のためのものであること，2回目の事故が起こってはならないこと，誰が押すのかというような問題があり，非常停止をもって安全装置としてならないとなっている。

2.3 残留リスクと使用上の情報（第3ステップ）

一般的に，第1ステップ，第2ステップと順に従って，リスク低減を行い「リスク低減をここまで行ったが，まだこれだけリスクが残っている」と説明をするのが，第3ステップの「残留リスクと使用上の情報」である。

第4章の図4-8で述べたように，絶対安全は存在しないことを基本としており，リスクを「広く受け入れ可能なリスク」レベルまで低減したが，完全にリスクがなくなったのではなく，小さな危険性がまだ残っている。その危険性の情報を「取扱説明書」，つまりマニュアル作成を行い，使用者側に提示することになる。

2012（平成24）年に厚生労働省より「機械譲渡者等が行う機械に関する危険性等の通知の促進に関する指針」が公表された。各機械メーカーは，それまでも取扱説明書や警告ラベル等によって機械危険情報の提供を行っていたが，加えて，使用者による保護方策が必要となる機械

上の危険箇所や，行うべき保護方策の内容等を，使用者が容易に理解・認識できる形式の文書で提供することが望ましいとされた。同指針では，そのような形式を具体化した文書として，取扱説明書の一部として作成する「機械ユーザーによる保護方策が必要な残留リスクマップ」及び「機械ユーザーによる保護方策が必要な残留リスク一覧」が示されている。

　図15-5に残留リスクのマップ様式と，表15-1に残留リスク一覧の様式の例を示す。マップ様式にある危険又は警告の内容は，残留リスク一覧に掲載されているものと一致している。各々の残留リスクの詳細については，残留リスク一覧を参照のこと。

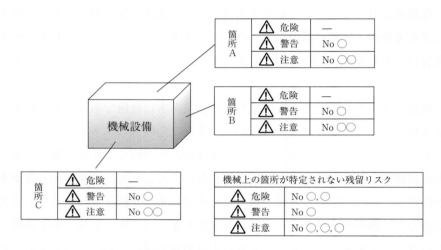

図15-5　残留リスクマップの様式例

表15-1　残留リスク一覧の例

No	運用段階	作業	作業に必要な資格	機械上の箇所	残留リスク	危害の内容	機械ユーザーが実施する保護方策	取り扱い説明書参照ページ
1	……	…	…	……	…	……	…………	○, ○
2	…	…	……	……	…	………	………	○, ○
3								

●●●●●●●●●●●●第16章

労働安全衛生
マネジメントシステム
（ISO 45001）

第1節　労働安全衛生マネジメントシステム（ISO 45001）

ISO 45001「労働安全衛生マネジメントシステム－要求事項及び利用の手引」は，労働安全衛生マネジメントシステムの国際規格である。

労働安全衛生マネジメントシステムの規格としては，従来 OHSAS 18001：2007「労働安全衛生マネジメントシステム－要求事項」があるが，ISO において，初の労働安全衛生マネジメントシステムの国際規格として ISO 45001の開発が行われ，2018（平成30）年3月12日に同規格が発行された。その後，同年9月28日には JIS Q 45001：2018「労働安全衛生マネジメントシステム－要求事項及び利用の手引」のほか，関連 JIS が公示されている。

労働安全衛生マネジメントは，労働者（派遣労働者及び請負者を含む），訪問者又は職場にいるすべての人の負傷及び疾病を防ぐため，その安全に影響するか又は影響する可能性がある条件や要因を管理するものである。労働安全衛生マネジメントシステムを導入することで，関係する法令順守の実証に留まらず，自主的な取り組みを推進させ，パフォーマンスの向上を図ることで，安全活動の取り組みと企業イメージの向上を図っている。

図16－1に ISO 45001：2018の全体的イメージを示す。

「計画（Plan）－実施（Do）－評価（Check）－改善（Action）」といった PDCA サイクルを回して継続的な改善を実施し，働く人の労働に関連する負傷と疾病の予防及び安全で健康的な職場の提供を達成するための「労働安全衛生マネジメントシステム（OSHMS）」の仕組みとその運用を要求している。

ISO 45001は，厚生労働省「労働安全衛生マネジメントシステムに関する指針（OSHMS指針）」

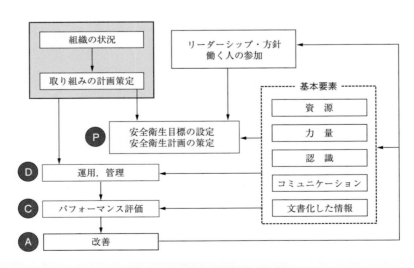

図16－1　ISO 45001の PDCA
（出所：中央労働災害防止協会ホームページ）

（1999年労働省告示第53号，2006年改正）やOHSAS 18001と大きな違いはないが，「組織の状況」や「取り組みの計画策定」などISOマネジメントシステム特有の事項が要求事項に存在する。

巻末資料1　リスクアセスメント演習

プレスブレーキの作業

プレスブレーキ（板材を曲げる機械）で厚さ3mm材を2人で持ち，フットスイッチを踏んで作業を行っている。

安全装置は作業性が悪いので，一時的に取り外して作業をしている。

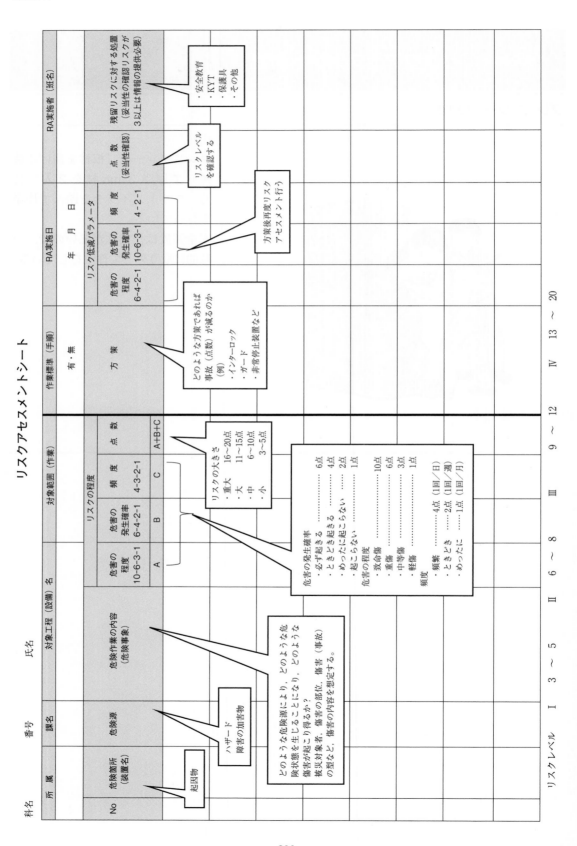

【演習問題】 次のイラストをもとに，リスクアセスメントシートを参考にして，実施してみましょう。

（1）入口付近に置かれたボンベ等

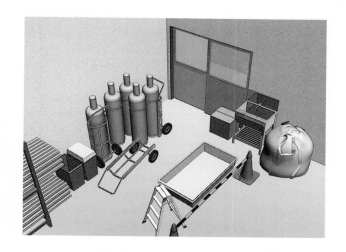

（2）通路に置かれた椅子等

リスクアセスメントシート

科名　　　　　　氏名

所　属	番号	課名					対象工程（設備）名	対象範囲（作業）				作業標準（手順）　有・無	RA実施日　　年　月　日				RA実施者（班名）	
			危険源	危険作業の内容（危険事象）			危険箇所（装置名）	リスクの程度				方　策	リスク低減パラメータ				点　数（妥当性確認）	残留リスクに対する処置（妥当性の確認リスクが3以上は情報の提供必要）
No								危害の程度10-6-3-1	危害の発生確率6-4-2-1	頻　度4-3-2-1	点　数A+B+C		危害の程度6-4-2-1	危害の発生確率10-6-3-1	頻　度4-2-1			
								A	B	C	A+B+C							

リスクレベル　　Ⅰ　3 ～ 5　　Ⅱ　6 ～ 8　　Ⅲ　9 ～ 12　　Ⅳ　13 ～ 20

巻末資料2 　危険予知訓練（KYT）演習

例題

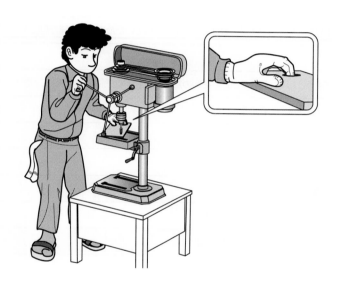

卓上ボール盤にドリルを取り付け，木材にボルト穴をあけるため，上部のベルトを緩め，回転数を変えて穴開けをしている。

シートNo. | 例題の場合 | **危険予知訓練**

チーム名

第1ラウンド	潜んでいる危険要因の拾い出し（どんな危険が潜んでいるか）
第2ラウンド	危険要因の絞り込み（これが危険のポイント）
No.	危険要因と現象（事故の型）を想定して「〜なので，〜して，〜になる」と書く
①	異物型のため，穴のあいた部分に指を入れておさえており，回転力に負け，飛ばされ手指を傷める。
2	下穴があいているので，穴あけ初めに拡大をするドリルが一瞬食い込み，工作物が回され，手を切る。
③	保護眼鏡は持っていたが，汚れがあり良く見えないので，かけずに穴あけをしていたため，切り屑が目に入る。
4	切り屑が手に当たり，手を切る。
⑤	加熱した切り屑が手に当たり，逃げようとして，押えていた手を緩めたとき，工作物が飛び，隣の人に当たる。
6	送り速度が速いため，ドリルが折れ，顔に飛来する。
7	ドリルのチャッキングが緩いため，ドリルが顔に飛来する。
⑧	安全靴を履いていないため，工作物を落下させ，足を打つ。
第3ラウンド	対策法の検討（あなたならどうする）
第4ラウンド	目標の設定（私は，又は，私たちはこうする）

◎印のNo.	※印	No.	具 体 策
1		1	回り止めを設ける。
	※	2	押え板で上からボルトで固定する。
		3	バイスで取り付ける。
		4	手送り速度を遅くする。
		5	
3	※	1	保護眼鏡は作業前に手に取り，きれいに掃除する。
		2	保護眼鏡の替えをボール盤に供え付けておく。
		3	作業中は保護眼鏡着用厳守の旨をボール盤に掲示しておく。
		4	
		5	
チーム行動目標 （〜するときは，〜を 〜して〜しよう）			異形物は押え板で上からボルトで固定し，よく見える保護眼鏡をかけて作業しよう。　**ヨシ！**
（確認）指差呼称項目			異形物，ボルト固定　**ヨシ！**

※「ヨシ！」は確認のために唱和します。

【演習問題】　次のイラストをもとに，どのような危険が潜んでいるか，危険予知訓練シート（p. 301）を使い4ラウンド法によってKYTを進めてみましょう。

（1）フライス盤の工具交換作業　　　　　　　　　　　＜機械系＞

作業員は，主軸に取付けられていた工具を外すため，鍵スパナにハンマーで衝撃を与えて緩めようとしている。

（2）印刷機で版の異物を拭き取る作業　　　　　　　　＜機械系＞

作業員は，インクが付着しないようにゴム手袋を着用し，インチングにより版を回転させながら，拭取りをしている。

（3）ボール盤で回転速度の変更作業　　　　　　　　　＜機械系＞

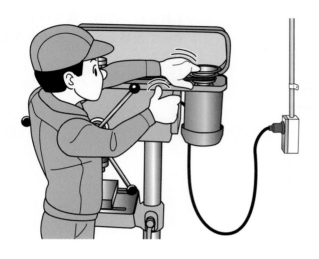

作業員は，Ｖベルトをたわませ，プーリの別の段にセットしている。

（4）低圧屋内配線作業　　　　　　　　　　　　　　　＜電気系＞

作業員は，天井付近のジョイントボックス内でケーブルの接続作業を行うため，ケーブルの端末を電工ナイフで処理している。

（5）制御盤配線作業 ＜電気系＞

作業員は，改修作業のために現場から工場に持ち込んだ制御盤を床に置き，機器の交換や配線をしている。

（6）高圧受電設備操作 ＜電気系＞

作業員は，点検のために停電させていた高圧 6,600 V 系統を復電させるため，高圧交流負荷開閉器をジスコン棒で投入しようとしている。

（7）クレーンを使用した荷卸し   ＜建築系＞

クレーンを使用し，トラックに積んだ資材を地上の資材置場に降ろしている。

（8）垂木_{たるき}取付け作業   ＜建築系＞

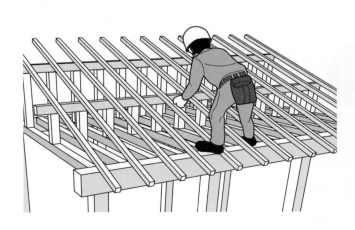

木造家屋増築工事において，屋根の母屋_{もや}に垂木を取り付ける作業を行っている。

（9）テーブル丸のこ盤を使用した加工 　　　　　　　　　　　　　　　＜建築系＞

木製テーブルの天板の木端を，テーブル丸のこ盤で加工する作業を行っている。

（10）伐採した木の移動作業 　　　　　　　　　　　　　　　　　　　　＜建築系＞

重機を使用して伐採した木の移動作業を行っている。

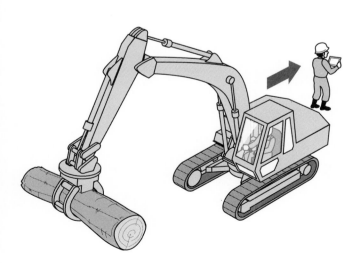

（11）屋根の塗装作業　　　　　　　　　　　　　　　　＜建築系＞

二階建て家屋の屋根の塗装作業を行っている。

<u>シート No.</u>　　　　　　　　## 危険予知訓練

チーム名

第1ラウンド	潜んでいる危険要因の拾い出し（どんな危険が潜んでいるか）
第2ラウンド	危険要因の絞り込み（これが危険のポイント）

No.	危険要因と現象（事故の型）を想定して「〜なので，〜して，〜になる」と書く
1	
2	
3	
4	
5	
6	
7	
8	

第3ラウンド	対策法の検討（あなたならどうする）
第4ラウンド	目標の設定（私は，又は，私たちはこうする）

◎印の No.	※印	No.	具　体　策
		1	
		2	
		3	
		4	
		5	
		1	
		2	
		3	
		4	
		5	

チーム行動目標（〜するときは，〜を〜して〜しよう）	ヨシ！
（確認）指差呼称項目	ヨシ！

※「ヨシ！」は確認のために唱和します。

巻末資料３－１　特別教育を必要とする業務

1　特別教育を必要とする業務

　事業者は労働者を危険又は有害な業務に就かせるときは，あらかじめ所定の内容の安全衛生教育を行うこととされているが，その対象となっている主な業務は次のとおりである（「安衛法」第59条，「安衛則」第36条）。

① 　研削といしの取り替え，又は取り替え時の試運転の業務

② 　動力により駆動されるプレス機械の金型，シャーの刃部又はプレス機械，シャーの安全装置，安全囲いの取り付け，取り外し，調整の業務

③ 　アーク溶接機を用いて行う金属の溶接，溶断等の業務

④ 　高圧（直流にあっては750V を，交流にあっては600V を超え，7,000V 以下である電圧をいう。以下同じ）若しくは特別高圧（7,000V を超える電圧をいう。以下同じ）の充電電路又は当該充電電路の支持物の敷設，点検，修理，操作の業務，低圧（直流にあっては750V 以下，交流にあっては600V 以下である電圧をいう。以下同じ）の充電電路（対地電圧が50V 以下であるもの及び電信用のもの，電話用のもの等で感電による危害を生じるおそれのないものを除く）の敷設若しくは修理の業務又は配電盤室，変電室等区画された場所に設置する低圧の電路（対地電圧が50V 以下であるもの及び電信用のもの，電話用のもの等で感電による危害を生じるおそれのないものを除く）のうち充電部分が露出している開閉器の操作の業務

⑤ 　最大荷重１ t 未満のフォークリフトの運転（「道路交通法」第２条第１項第１号の道路（以下「道路」という）上を走行させる運転を除く）の業務

⑥ 　最大荷重１ t 未満のショベルローダー又はフォークローダーの運転（道路上を走行させる運転を除く）の業務

⑦ 　最大積載重が１ t 未満の不整地運搬車の運転（道路上を走行させる運転を除く）の業務

⑧ 　制限荷重５ t 未満の揚貨装置の運転の業務

⑨ 　機械集材装置（集材機，架線，搬器，支柱及びこれらに付属するものにより構成され，動力を用いて，原木又は薪炭材を巻き上げ，かつ，空中において運搬する設備をいう）の運転の業務

⑩ 　胸高直径が70cm 以上の立木の伐木，胸高直径が20cm 以上で，かつ，重心が著しく偏している立木の伐木，つりきりその他特殊な方法による伐木，又はかかり木でかかっている木の胸高直径が20cm 以上であるものの処理の業務

⑪ 　チェーンソーを用いて行う立木の伐木，かかり木の処理又は造材の業務（前号に掲げる

　業務を除く）

⑫　機体重量が3t未満の「安衛令」別表第7第1号，第2号，第3号又は第6号に掲げる機械（建設機械）で，動力を用い，かつ，不特定の場所に自走できるものの運転（道路上を走行させる運転を除く）の業務

⑬　「安衛令」別表第7第3号に掲げる機械（くい打機等基礎工事用機械）で，動力を用い，かつ，不特定の場所に自走できるもの以外のものの運転の業務

⑭　「安衛令」別表第7第3号に掲げる機械で，動力を用い，かつ，不特定の場所に自走できるものの作業装置の操作（車体上の運転者席における操作を除く）の業務

⑮　「安衛令」別表第7第4号に掲げる機械（ローラー等）で，動力を用い，かつ，不特定の場所に自走できるものの運転（道路上を走行させる運転を除く）の業務

⑯　「安衛令」別表第7第5号に掲げる機械（コンクリートポンプ車等）の作業装置の操作の業務

⑰　ボーリングマシンの運転の業務

⑱　作業床の高さが10m未満の高所作業車の運転（道路上を走行させる運転を除く）の業務

⑲　動力により駆動される巻上げ機（電気・エヤーホイスト及びこれら以外の巻上げ機でゴンドラに係るものを除く）の運転の業務

⑳　動力車及び動力により駆動される巻上げ装置で，軌条により人又は荷を運搬する用に供されるもの（巻上げ装置を除く）の運転の業務

㉑　小型ボイラーの取り扱いの業務

㉒　次に掲げるクレーンの運転の業務

　イ　つり上げ荷重が5t未満のもの

　ロ　つり上げ荷重が5t以上の跨線テルハ

㉓　つり上げ荷重が1t未満の移動式クレーンの運転（道路上を走行させる運転を除く）の業務

㉔　つり上げ荷重が5t未満のデリックの運転の業務

㉕　建設用リフトの運転の業務

㉖　つり上げ荷重が1t未満のクレーン，移動式クレーン又はデリックの玉掛けの業務

㉗　ゴンドラの操作の業務

㉘　作業室及び気閘室へ送気するための空気圧縮機を運転する業務

㉙　高圧室内作業に係る作業室への送気の調整を行うためのバルブ又はコックを操作する業務

㉚　気閘室への送気又は気閘室からの排気の調節を行うためのバルブ又はコックを操作する業務

㉛　高圧室内作業に係る業務

㉜　特殊化学設備の取り扱い，整備及び修理の業務（「安衛令」第20条第5号に規定する第

　　１種圧力容器の整備の業務を除く）

㉝　ずい道等の掘削の作業又はこれに伴うずり，資材等の運搬，覆工のコンクリート打設等の作業（当該ずい道等の内部において行われるものに限る）に係る業務

㉞　マニプレータ及び記憶装置（可変シーケンス制御装置及び固定シーケンス制御装置を含む。以下同じ）を有し，記憶装置の情報に基づきマニプレータの伸縮，屈伸，上下移動，左右移動若しくは旋回の動作又はこれらの複合動作を自動的に行うことができる機械（研究開発中のものその他厚生労働大臣が定めるものを除く。以下「産業用ロボット」という）の可動範囲（記憶装置の情報に基づきマニプレータその他の産業用ロボットの各部の動くことができる最大の範囲をいう。以下同じ）内において当該産業用ロボットについて行うマニプレータの動作の順序，位置若しくは速度の設定，変更若しくは確認（以下「教示等」という）（産業用ロボットの駆動源を遮断して行うものを除く。以下同じ）又は産業用ロボットの可動範囲内において当該産業用ロボットについて教示等を行う労働者と共同して当該産業用ロボットの可動範囲外において行う当該教示等に係る機器の操作の業務

㉟　産業用ロボットの可動範囲内において行う当該産業用ロボットの検査，修理若しくは調整（教示等に該当するものを除く）若しくはこれらの結果の確認（以下この号において「検査等」という）（産業用ロボットの運転中に行うものに限る。以下同じ）又は産業用ロボットの可動範囲内において当該産業用ロボットの検査等を行う労働者と共同して当該産業用ロボットの可動範囲外において行う当該検査等に係る機器の操作の業務

㊱　自動車（２輪自動車を除く）用タイヤの組立てに係る業務のうち，空気圧縮機を用いて当該タイヤに空気を充てんする業務

巻末資料３−２　技能講習を必要とする業務

1　技能講習の修了が必要な業務等

「安衛法」では，労働者の指揮等を行う作業主任者，就業制限業務に従事する者については，その資格要件として技能講習を修了した者を規定しているものもある。
技能講習には，次の種類がある。

（1）　作業主任者関係

- ・　木材加工用機械作業主任者技能講習
- ・　プレス機械作業主任者技能講習
- ・　乾燥設備作業主任者技能講習
- ・　コンクリート破砕器作業主任者技能講習

- 地山の掘削及び土止め支保工作業主任者技能講習
- ずい道等の掘削等作業主任者技能講習
- ずい道等の覆工作業主任者技能講習
- 型枠支保工の組立て等作業主任者技能講習
- 足場の組立て等作業主任者技能講習
- 建築物等の鉄骨の組立て等作業主任者技能講習
- 鋼橋架設等作業主任者技能講習
- コンクリート造の工作物の解体等作業主任者技能講習
- コンクリート橋架設等作業主任者技能講習
- 採石のための掘削作業主任者技能講習
- はい作業主任者技能講習
- 船内荷役作業主任者技能講習
- 木造建築物の組立て等作業主任者技能講習
- 化学設備関係第一種圧力容器取扱作業主任者技能講習
- 普通第一種圧力容器取扱作業主任者技能講習
- 特定化学物質及び四アルキル鉛等作業主任者技能講習
- 鉛作業主任者技能講習
- 有機溶剤作業主任者技能講習
- 石綿作業主任者技能講習
- 酸素欠乏危険作業主任者技能講習
- 酸素欠乏・硫化水素危険作業主任者技能講習
- ボイラー取扱技能講習

（2） 就業制限業務関係

- 床上操作式クレーン運転技能講習
- 小型移動式クレーン運転技能講習
- ガス溶接技能講習
- フォークリフト運転技能講習
- ショベルローダー等運転技能講習
- 車両系建設機械（整地・運搬・積込み用及び掘削用）運転技能講習
- 車両系建設機械（基礎工事用）運転技能講習
- 車両系建設機械（解体用）運転技能講習
- 不整地運搬車運転技能講習
- 高所作業車運転技能講習
- 玉掛け技能講習

　・　ボイラー取扱技能講習

２　技能講習の受講

　技能講習は，一定の要件を満たし，都道府県労働局長に登録された者が実施する。技能講習の受講資格，講習科目等については，種類ごとに定められているが，実務経験等により，告示に基づき，講習科目の一部が免除される場合がある。

　技能講習においては，修了試験が行われる。技能講習を修了した者に対しては，講習を実施した登録教習機関から技能講習修了証が交付される。

　技能講習修了証の再交付等は，技能講習修了証の交付を受けた登録教習機関で行う。

巻末資料３－３　免許を必要とする業務

「安衛法」に基づく免許には，以下の種類がある。

① 　クレーン・デリック運転士免許

② 　移動式クレーン運転士免許

③ 　揚貨装置運転士免許

④ 　高圧室内作業主任者免許

⑤ 　発破技士免許

⑥ 　ガス溶接作業主任者免許

⑦ 　ボイラー整備士免許

⑧ 　衛生工学衛生管理者免許

⑨ 　第一種衛生管理者免許

⑩ 　第二種衛生管理者免許

⑪ 　林業架線作業主任者免許

⑫ 　エックス線作業主任者免許

⑬ 　ガンマ線透過写真撮影作業主任者免許

⑭ 　潜水士免許

⑮ 　特定第一種圧力容器取扱作業主任者免許

⑯ 　特級ボイラー技士免許

⑰ 　一級ボイラー技士免許

⑱ 　二級ボイラー技士免許

⑲ 　特別ボイラー溶接士免許

⑳ 　普通ボイラー溶接士免許

○使用法令一覧

- ・消防法（232～235）
- ・職業能力開発促進法（12）
- ・女性労働基準規則（259）
- ・電気設備に関する技術基準を定める省令（179）
- ・労働安全衛生規則（全般）
- ・労働安全衛生法（全般）
- ・労働安全衛生法施行令（全般）
- ・労働基準法（15）

○参考法令一覧

- ・建築基準法（232）
- ・作業環境測定法（22，270）
- ・じん肺法（268）
- ・製造物責任法（PL法）（278）
- ・道路交通法（303）
- ・労働基準法（13，20）

○使用規格一覧

- ・JIS Z 8102：2001「物体色の色名」（252）（発行元：一般財団法人 日本規格協会）

○参考規格一覧

■IEC規格（発行元：国際電気標準会議）

- ・IEC 60204－1：2016「機械の安全性－機械の電気機器－第1部：一般要求事項」（279）
- ・IEC 60204（－2：1984～－34：2016）「機械の安全性－機械の電気機器」（279）
- ・IEC 61496（－1：2020～－4－3：2015）「機械類の安全性－電気感光性保護機器」（279）
- ・IEC 61508（－0：2005～－7：2010）「電気／電子／プログラマブル電子安全関連システムの機能安全」（279）
- ・IEC 60947（－1：2020～－6－2：2007）「低電圧開閉装置及び制御装置」（279）
- ・IEC 61000（－1－1：1992～－3－7：2008）「電磁両立性（EMC）」（279）

■ISO規格（発行元：国際標準化機構）

- ・ISO 12100：2010「機械類の安全性－設計の一般原則－リスクアセスメント及びリスク低減」（278）
- ・ISO 13849（－1：2015，－2：2012）「機械類の安全性－制御システムの安全関連部」（279）
- ・ISO 13850：2015「機械類の安全性－非常停止機能－設計原則」（279）
- ・ISO 13851：2019「機械類の安全性－両手操作制御装置－設計及び選択の原則」（279）

・ISO 13857：2019「機械類の安全性－危険区域に上肢及び下肢が到達することを防止するための安全距離」（279）
・ISO 14119：2013「機械類の安全性－ガードと共同するインタロック装置－設計及び選択のための原則」（279）
・ISO 45001：2018「労働安全衛生マネジメントシステム－要求事項及び利用の手引」（285，286）

■ JIS 規格（発行元：一般財団法人 日本規格協会）
・JIS A 8951：1995「鋼管足場」（209）
・JIS C 9300－11：2015「アーク溶接装置－第11部：溶接棒ホルダ」（184）
・JIS T 8101：2020「安全靴」（244）
・JIS T 8103：2020「静電気帯電防止靴」（244）
・JIS T 8117：2005「化学防護長靴」（244）
・JIS T 8141：2016「遮光保護具」（241）
・JIS T 8142：2003「溶接用保護面」（241）
・JIS T 8147：2016「保護めがね」（241）
・JIS Q 45001：2018「労働安全衛生マネジメントシステム－要求事項及び利用の手引」（286）
・JIS Z 8721：1993「色の表示方法－三属性による表示」（251）
・JIS Z 9101：2018「図記号－安全色及び安全標識－安全標識及び安全マーキングのデザイン通則」（253）

○引用文献・協力企業等（五十音順，企業名は執筆当時のものです）
・『2015年12月からストレスチェックの実施が義務になります』厚生労働省，2015，p. 2（269）
・『あなたを守る！　作業者のための安全衛生ガイド　プレス作業』中央労働災害防止協会編，2018，第 1 版，p. 19（130）／p. 22（131）
・『安全衛生基本シリーズ　チェックリストを活かした職場巡視の進め方』中央労働災害防止協会編，1996，第 1 版，p. 36，図－ 9（134）／p. 37，図－10（104）／p. 37，図－11（134）
・『安全サポートマニュアル』国土交通省中部地方整備局，2004，p. 3（14）
・『安全の指標　令和 2 年度』中央労働災害防止協会編，2020，p. 2，図 1（20）／p. 4，図 3（23）／p. 5，図 4（23）／p. 10，図 7（24）／p. 12，図 9（24）／p. 13，図11（25）／p. 14，図13（25）／p. 15，図14（21）／p. 101，図 1（27）／p. 102，図 2（27）／p. 110，表 1（28）
・岩崎電気株式会社（195）
・株式会社ハタヤリミテッド（183）
・株式会社ムサシインテック（189）
・『機械安全のリスクアセスメント：機械安全の基礎知識 1 』株式会社イプロスウェブサイト「Tech Note」，2017（280）
・『機械工作法』独立行政法人 高齢・障害・求職者雇用支援機構　職業能力開発総合大学校 基盤整備センター編，改定 3 版，2018，p. 188，図2－8.42（117）／p. 121，図3－21，図3－22（121）

・基発0618第1号『職場における腰痛予防対策指針』厚生労働省，2013（259）

・基発第759号『移動式クレーン等の送配電線類への接触による感電災害の防止対策について』労働省，1975（194）

・『グラインダ安全必携』中央労働災害防止協会編，2017，第1版，p. 82，図2－19（120）／p. 110，図4－3（108）

・星和電機株式会社（195）

・大東電材株式会社（193）

・大洋製器工業株式会社（202）

・中央労働災害防止協会（77，286）

・『聴覚保護リスクと対策』スリーエムジャパン株式会社，2019，p. 1（243）

・『定期健康診断結果報告』厚生労働省（267）

・『電材資材総合カタログ 2020－2022』パナソニック株式会社，2020，p. 1425（182）

・長谷川電機工業株式会社（187，188）

・『プレス作業者安全必携』中央労働災害防止協会編，2019，第4版，p. 35，図1－20（130）

・『平成31年／令和元年 労働災害動向調査』厚生労働省（51）

・ヨツギ株式会社（191，192，194）

・陸上貨物運送事業における重大な労働災害を防ぐためには』労働安全衛生総合研究所，厚生労働省，2016，p. 1（137）

○参考文献等 （五十音順）

・『1級技能士コース機械加工科〈教科書〉』独立行政法人 高齢・障害・求職者雇用支援機構 職業能力開発総合大学校 基盤整備センター編，1996

・『四訂 板金工作法及びプレス加工法』独立行政法人 高齢・障害・求職者雇用支援機構 職業能力開発総合大学校 基盤整備センター編，2014

・『あなたを守る！ 作業者のための安全衛生ガイド 玉掛け作業 』中央労働災害防止協会編，2013

・『あなたを守る！ 作業者のための安全衛生ガイド フォークリフト作業 』中央労働災害防止協会編，2012

・『安全衛生』独立行政法人 高齢・障害・求職者雇用支援機構 職業能力開発総合大学校 基盤整備センター編，一般社団法人雇用問題研究会，2019

・『安全帯が「墜落制止用器具」に変わります！』厚生労働省，2019

・『安全の国際規格1 安全設計の基本概念』向殿政男監修，財団法人日本規格協会，2007

・『安全の指標 令和2年度』中央労働災害防止協会編，2020

・『機械災害防止のための厚生労働省の施策』厚生労働省安全衛生部安全課 安井省侍郎，安全工学シンポジウム，2018

・基安発0415第2号『機械ユーザーから機械メーカー等への災害情報等の提供の促進について』厚生労働省，2014

・『高圧・特別高圧電気取扱者安全必携　特別教育用テキスト』中央労働災害防止協会編，2018

・『職場のあんぜんサイト』厚生労働省ウェブサイト

・『シリーズ・ここが危ない　金属加工作業』中央労働災害防止協会編，2006

・『シリーズ・ここが危ない　クレーン作業』中央労働災害防止協会編，2010

・『新訂　安全衛生』独立行政法人 高齢・障害・求職者雇用支援機構　職業能力開発総合大学校　基盤整備センター編，一般財団法人職業訓練教材研究会，2018

・『すぐに実践シリーズ　こうして進める！　安全点検 』中央労働災害防止協会編，2011

・『すぐに実践シリーズ　こうすれば安全！　グラインダ作業』中央労働災害防止協会編，2016

・『すぐに実践シリーズ　こうすれば安全！　工具使用作業 』中央労働災害防止協会編，2013

・『すぐに実践シリーズ　なくそう！　切れ・こすれ』中央労働災害防止協会編，2011

・『すぐに実践シリーズ　なくそう！　はさまれ・巻き込まれ』中央労働災害防止協会編，2008

・『ゼロ災実践シリーズ　危険予知訓練　第3版』中央労働災害防止協会編，2011

・中央労働災害防止協会ウェブサイト

・『低圧電気取扱者安全必携　特別教育用テキスト』中央労働災害防止協会編，2018

・『人間工学チェックポイント　第2版』国際労働事務局編，2014

索　　引

職 業 訓 練 教 材

安 全 衛 生

厚生労働省認定教材	
認定番号	第58369号
改定承認年月日	令和3年2月18日
訓練の種類	普通職業訓練
訓練課程名	普通課程

昭和36年4月	初版発行	
昭和60年2月	改定初版1刷発行	
昭和63年1月	改定2版1刷発行	
平成 3 年3月	改定3版1刷発行	
平成 9 年3月	改定4版1刷発行	
平成11年3月	改定5版1刷発行	
令和 3 年3月	改定6版1刷発行	
令和 6 年3月	改定6版3刷発行	

編　集　　独立行政法人 高齢・障害・求職者雇用支援機構
　　　　　　職業能力開発総合大学校 基盤整備センター

発行所　　一般社団法人 雇用問題研究会

　　　　　〒103-0002 東京都中央区日本橋馬喰町1-14-5 日本橋Kビル2階
　　　　　電話 03(5651)7071（代表）　FAX 03(5651)7077
　　　　　URL　https://www.koyoerc.or.jp/

11010-24-11

ISBN978-4-87563-427-0